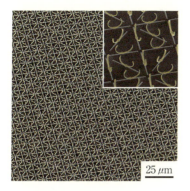

図 3.42 試作した3次元メタマテリアル[20]

図 4.7 マイクロ波用クローキングメタマテリアル[4]

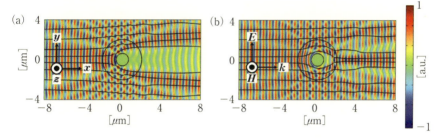

図 4.8 光クローキングのコンピューターシミュレーション結果[5]

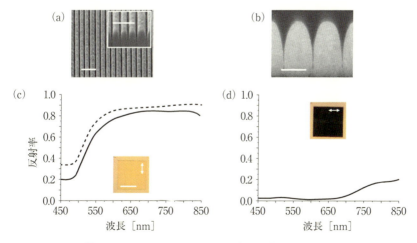

図 4.16 メタマテリアルでつくった光吸収体[10]

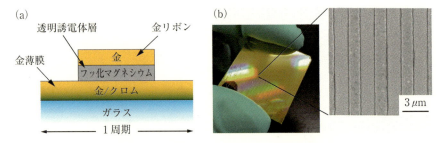

図 4.17 薄膜状のメタマテリアル吸収体[11]

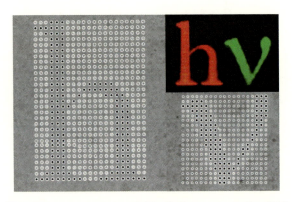

図 4.18 メタマテリアルを用いたカラーフィルター[13]

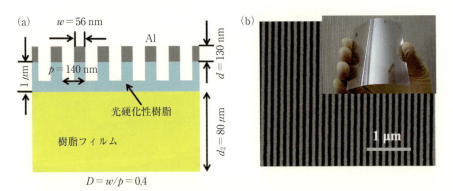

図 4.19 ナノストライプ構造を用いたテラヘルツ波用偏光子[14]

Introduction to Optical Metamaterials

光メタマテリアル入門

田中拓男 著

丸善出版

はじめに

　あなたは,「メタマテリアル」という言葉をすでにご存知でこの本を手にされたのでしょうか？　それとも,初めて見て「何だろう？」と興味を持たれたのでしょうか？　そもそも,「メタマテリアル」という言葉を見て,何を連想されますか？「メタマテリアル」は,英語で書けば"metamaterials"です.連語を分けるなら「メタ・マテリアル」です.「マテリアル (material)」という言葉があるので,「物質」に関連する何かと思われた方は,半分だけ正解です.これから紹介するように,メタマテリアルはこれまでになかったまったく新しい物質をつくり出すサイエンスとテクノロジーですが,見た目には何かの材料というよりは単なるゴチャゴチャした構造 (パターン,模様) です.本書は,このメタマテリアルの基礎の基礎を一般の方々向けに書いた解説書です.本書を通して,本来は構造体なのにどうして「マテリアル」と呼ばれるのかといった疑問も含めて,メタマテリアルの正体とそのつくり方,そしてそれはどのような用途に利用できるのかを紹介したいと思います.

　メタマテリアルは,2000年頃から欧米を中心に研究が活発化してきた分野です.残念ながら日本国内では,2016年現在でも欧米と比較して圧倒的に研究者人口が少ない状況です.

　「メタマテリアル」という言葉には,じつはまだきちんとした定義はありません.しかし国内外の研究者の発言を考慮しながら一言で定義すると,**「人工的に導入した構造体によって物質の特性を制御し,単なる複合体の限界を超える特殊な性質を付与した疑似物質」**となるでしょう.今日では,音波や水の波

など，光以外の波を対象にするメタマテリアルも提案されていますが，本書では光に関連するメタマテリアルに限定して紹介します．それでも遠赤外光から可視光，そして紫外光までの幅広い周波数にわたるので，それぞれの周波数ごとにその様子や取り扱い方は違ってきます．

　このメタマテリアルの研究・開発の現状を一言で表現するならば，「今，世界中の研究者や技術者が，さまざまな周波数領域で，それぞれのメタマテリアルを設計・試作・評価しながら研究を続けています」が妥当でしょう．この一文には現在のメタマテリアル研究のすべてが詰まっています．まず「さまざまな周波数領域で」とあることから，先に述べたようにメタマテリアルは，幅広い周波数領域をカバーする技術だとわかります．次に，「設計」とあるので，メタマテリアルとは鉱物のように自然界から直接得られるのではなく，人間がある考えに基づいて設計するものだということがわかります．さらに「試作」とあるので，やはり人間がつくり出すものであること，そして「まだ完成されていない」ことも同時にわかります．事実，マイクロ波やミリ波領域のメタマテリアルは実用化の一歩手前まできており，「もう完成している」ものもありますが，光領域のメタマテリアルはまだまだつくることすら難しい状態です．

　どうしてわざわざメタマテリアルをつくるのか？　それは，メタマテリアルが，これまでの電波技術や光技術の常識を覆す，あっと驚く能力を持っているからです．例えば，電波のメタマテリアルを使えば，発信器から出た電波を特定の方向だけに飛ばしたり，特定の方向からの電波だけを選択的に受信できる素子を非常に小さなサイズで実現することができます．この技術は，小型で超高性能なレーダーに応用できます．ある研究者はこれを「イージス艦に搭載されるようなレーダーを小指サイズにして数百円でつくる」と表現しました．そしてこれを自動車などに取りつければ，自動運転や交通事故の防止に役立ちます．また，高感度なアンテナに利用すれば，携帯電話や無線LANのアンテナがこれまで以上に小型化，高性能化され，快適な通信が可能になります．

　光メタマテリアルも不思議な能力を持っています．光の世界では，物質の光学特性を表すのに「屈折率」という物理量を用います．透明な物質の屈折率は正の実数ですが，光メタマテリアルを使えばこの値が負の値になっている物質をつくり出すことができます．そして負の屈折率を持った物質でレンズをつく

れば，どんな小さなものでも観察できる「完全レンズ」ができます．光を使って小さなものを見る道具に顕微鏡がありますが，光学顕微鏡では分子や原子は見えないことは小学生でも知っています．光は波ですが，波にはその波長の半分よりも細かなものを見ることはできないという性質があるからです．人間の目に見える光の波長は，およそ 400 nm の紫色の光から 780 nm の赤色の光までなので，最も波長が短い紫色の光を使っても，その限界は 200 nm 程度で，これ以上小さなものは見えないというのが常識です．しかし，光メタマテリアルを使えば，この限界を超えることができるのです．さらに，光メタマテリアルを使って特殊な屈折率分布を私たちの体のまわりにつくれば，透明人間になることができます．これも常識を超えた現象です．このように，光メタマテリアルはコストをかけてもおつりがくるような驚くべき能力を持っています．これらを紹介していきます．

　以下，本書の流れです．まず第 1 章では，「光学」の知識の中から，メタマテリアルの基礎を理解するために必要なものを選択して解説します．この章の内容は，以降に続くすべての章の内容を理解するための基礎です．第 2 章ではテラヘルツ波から可視光領域で動作するメタマテリアルの具体的な内容を紹介します．特にメタマテリアルの構造がどうしてそのような形なのか，それをどう設計するのか，どう取り扱うのかなどを中心に説明します．可視光領域のメタマテリアルでは，電気回路的な考え方を取り入れながらも，より材料（マテリアル）の特性に依存した取り扱いが必要です．その点も説明します．第 3 章では，光メタマテリアルをつくるために利用する加工技術をまとめました．標準的な微細加工技術の紹介から始め，筆者やほかの研究者が光メタマテリアルをつくるために開発した手法も紹介します．そして第 4 章では，光メタマテリアルの応用技術を紹介します．そこでは SF の世界に出てくるような話題が登場します．

　それでは，光メタマテリアルの世界のはじまりです．

2016 年 10 月

田 中　拓 男

謝　辞

　本書は最初,当時株式会社工業調査会の大喜康之さんに企画をいただいて執筆を始めました.その後,事情により丸善出版株式会社の佐久間弘子さんにバトンタッチいただきましたが,その間にもメタマテリアルの世界はどんどん変わり,何度も本書の構成をつくり変えました.これに筆者の遅筆も相まって,6年越しの執筆になってしまいました.その間,辛抱強く執筆を励まし続けてくださった佐久間さん,そして最初の企画をいただいた大喜さんに感謝します.また,細かなところまで丁寧に原稿をチェックいただいた村田レナさんにも感謝いたします.本書で紹介した研究成果のいくつかは,理化学研究所の私の研究室の室員の成果です.日頃から熱心に研究に取り組む室員全員に感謝します.研究者の仕事はときには趣味の延長のように見えるようです.休日も家を空けて研究室で実験したり原稿を書くことを許してくれた妻の昭子と2人の娘,美輝,真輝にも感謝します.

目　次

第1章　光とは　　1
- 1.1　光の正体，それは電磁波 …………………………………………… 2
- 1.2　光の周波数と波長と用途 …………………………………………… 4
- 1.3　光のエネルギーと強度 ……………………………………………… 6
- 1.4　偏波，偏光 …………………………………………………………… 8
- 1.5　屈折率 ………………………………………………………………… 10
- 1.6　光の屈折と反射 ……………………………………………………… 12
- 1.7　フレネルの反射率と透過率 ………………………………………… 14
- 1.8　ブリュースターと全反射 …………………………………………… 16
- 1.9　光の吸収とエネルギー準位 ………………………………………… 18
- 1.10　マクスウェルの方程式 ……………………………………………… 20
- 1.11　金属の屈折率 ………………………………………………………… 22
- 1.12　表面プラズモン ……………………………………………………… 24
- 1.13　分散と群速度 ………………………………………………………… 26
- 参考文献 ……………………………………………………………………… 28

第2章　光メタマテリアル　　29
- 2.1　メタマテリアルの概要 ……………………………………………… 30
- 2.2　メタマテリアルを構成する素子 …………………………………… 32
- 2.3　物質の電気的応答と磁気的応答 …………………………………… 34

2.4 メタマテリアル研究の歴史 ……………………………… 36
2.5 SRR の動作原理 …………………………………………… 38
2.6 透磁率の変化 ……………………………………………… 40
2.7 SRR の Q 値と光学定数の変化量 ……………………… 42
2.8 貴金属の導電率 …………………………………………… 44
2.9 金属の光学特性—内部インピーダンス ………………… 46
2.10 SRR の磁気応答の周波数特性 …………………………… 48
2.11 光で動作する SRR を得るために ………………………… 50
2.12 光で動作する1重リング SRR …………………………… 52
2.13 光メタマテリアルのための共振器素子 ………………… 54
2.14 メタマテリアルの数値計算方法—FDTD 法 …………… 56
2.15 メタマテリアルの数値計算方法—その他 ……………… 58
参考文献 ……………………………………………………………… 60

第3章 光メタマテリアルの加工技術　63

3.1 光リソグラフィ法 ………………………………………… 64
3.2 光リソグラフィ法の露光手法 …………………………… 66
3.3 電子線リソグラフィ法 …………………………………… 68
3.4 ナノインプリント法 ……………………………………… 70
3.5 リフトオフ法 ……………………………………………… 72
3.6 真空蒸着法 ………………………………………………… 74
3.7 スパッタリング法 ………………………………………… 76
3.8 反応性イオンエッチング法 ……………………………… 78
3.9 化学気相成長法 …………………………………………… 80
3.10 集束イオンビーム法 ……………………………………… 82
3.11 インクジェットプリンター ……………………………… 84
3.12 3次元光加工法 …………………………………………… 86
3.13 3次元光加工法の難しさ ………………………………… 88
3.14 2光子吸収 ………………………………………………… 90
3.15 フェムト秒パルスレーザーと2光子吸収 ……………… 92

3.16	2光子還元法	94
3.17	2光子還元法の特徴	96
3.18	2光子還元法の高解像度化	98
3.19	2光子重合法	100
3.20	マルチビーム2光子重合法	102
3.21	金属めっき	104
3.22	自己組織化—ボトムアップでメタマテリアルをつくる	106
3.23	三日月金属リングの大量作製法	108
3.24	DNAを用いた自己組織化	110
3.25	磁場配向を利用した自己組織化	112
3.26	バイオテンプレート	114
3.27	トップダウンとボトムアップの融合	116
3.28	Metal-stress driven self-folding 法	118
参考文献		120

第4章　光メタマテリアルの応用　　123

4.1	右手系物質と左手系物質	124
4.2	負の屈折とVeselagoレンズ	126
4.3	完全レンズ	128
4.4	光学迷彩	130
4.5	光学迷彩の実際	132
4.6	低屈折率物質	134
4.7	s偏光ブリュースター	136
4.8	ブリュースターを使った無反射素子	138
4.9	インピーダンス整合による無反射素子	140
4.10	屈折率制御	142
4.11	メタマテリアル吸収体	144
4.12	赤外メタマテリアル吸収体	146
4.13	光フィルター	148
4.14	偏光子と旋光子	150

4.15 テラヘルツプラズモン ……………………………………… 152
参考文献 ……………………………………………………… 154

おわりに **155**
索 引 **157**

第1章
光とは

　本章では，まず光の性質とその周辺分野の知識をおさらいします．光学ならびに電磁気学の中から，メタマテリアルを知るために最低限必要だと判断したものを選択しました．この章で述べることがらのほとんどは光だけでなく電磁波全般について成り立ちます．第2章以降の内容を理解するためにも，目を通しておいてください．

1.1 光の正体，それは電磁波

　古代ギリシャ時代から琥珀などを擦ると静電気が発生して，ものが付着したり，触るとビリビリと感じることは知られていました．またある種の鉱石が鉄を引きつけることも知られており，離れた物体に作用する力として重力とあわせて人々の関心を引きました[1]．

　19世紀に英国のマクスウェル（J. C. Maxwell）は，それまで個別に研究されていたさまざまな電気的もしくは磁気的な現象が，じつは互いに結びついていることに気づきました．そして，この電気と磁気を統一する理論を発表し，「電磁気学」という学問分野が生まれました．この電磁気学の成果の1つが「電磁波」の発見です．空間中で電場が変化すると，それは磁場の変化を生み出し，磁場が変化するとそれが電場の変化を生み出すというように，2つの「場」が相互作用しながら波として空間を伝播することが見出されました．しかも，この電磁波は何もない真空中でも伝わることができます．空気の振動である音や，水面を伝わる波のように，「波が伝播するにはそれを媒介する物質が必要」というのが常識であった当時，何もない真空中を伝播する電磁波の存在はある種の驚きを持って迎えられました．

　光もこの電磁波の一種であり，その中で特に私たちの目に見える電磁波を「可視光」と呼んでいます．狭義には可視光のことを「光」と呼びますが，広くは赤外光から可視光を越えて紫外光までの電磁波が光です．本書では，この広い意味での光を中心に話を進めますが，特に断らない限りは，これ以降で述べる光の性質はマイクロ波のような光以外の電磁波にも同じように成り立ちます．

　光の波を模式的に図示したものが図1.1です．電場 E と磁場 B^{*1} と波の進行方向 k には一定の関係があり，E を B の方向に回転させたとき，右ねじが進む方向が k の向きです．この関係は図1.2に示すように指を使って覚えることができます．右手の親指と人差し指と中指を互いに直角になるようにし

---

*1：正確には B は磁束密度を表し，磁場の強度は H で表します．詳細は専門書に譲りますが電磁波は E と B で表すことがほとんどです．B と H の間には $B = \mu H$ の関係があります．μ は物質の透磁率です．なお4.1節ではポインティングベクトル S を示す都合で，E と H を用いています．

て，その親指に E，人差し指に B をとったとき，中指の方向に光は伝播します（k の方向）．中学校でローレンツ力の方向を覚える際に「フレミングの左手の法則」を習ったと思います．あれによく似ていますが，左手ではなく右手を使うことに注意してください．光の波は電場や磁場が振動しながら空間を伝播しているので，その波が単位時間あたり何回振動しているかを表す「周波数」があります．そして，周波数 f と光の伝播速度 c が決まれば，光の波長 λ は

$$\lambda = c/f \tag{1.1}$$

と決まります．

光の色は波長と対応させて，例えば波長 530 nm は緑，波長 630 nm は赤などと呼ばれることが多いですが，光の波長は物質中では変化します（1.6 節で説明します）．物質中でも変化しないのは周波数のほうなので，本当は周波数と色とを対応づけておくほうが無難です．

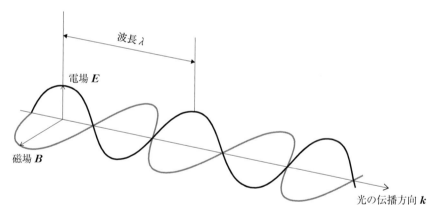

図 1.1 電場 E，磁場 B，波数ベクトル k（光の伝播方向）の関係

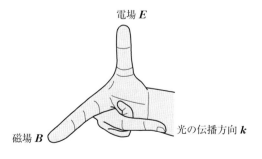

図 1.2 右手を使った電場，磁場，光の伝播方向の関係

1.2　光の周波数と波長と用途

　先に述べたように，光は電磁波の一種ですが，光以外にも電磁波はあります．周波数ごとにいろいろな名前がつけられており，その特性や用途も異なります．図 1.3 は，それぞれの電磁波の特徴を周波数や波長によって分類したものです．

　広義の光は，周波数では 1〜700 THz の電磁波に相当し，これは波長に換算すると約 300 μm の遠赤外光から波長 400 nm の紫外光に対応します．このように周波数の幅（波長の幅）がとても広いので，それぞれの周波数ごとに私たちにとっての見え方やその取り扱い方も随分と異なります．周波数 1〜75 THz（波長に換算して 300〜4 μm）の範囲は「遠赤外光」と呼ばれ，その中でも 1〜数十 THz の領域は最近では「テラヘルツ波」とも呼ばれます．75〜120 THz（波長換算で 4〜2.5 μm）の電磁波は「中赤外光」と呼ばれ，この光の周波数は分子や結晶格子の振動や回転の周波数と一致します．周波数がさらに高くなると波長で記述することが多くなります．波長 800 nm〜2.5 μm の範囲は「近赤外光」です．この波長領域の光はあまり物質と相互作用しないという特徴があります．相互作用しないということは，物質が透明であることを意味し，これを積極的に利用しているのが光通信技術です．さらに周波数が高く（波長が短く）なると，私たちの目に見える可視光領域になります．波長ではおよそ 400〜800 nm で，これを周波数に換算すると 375〜750 THz になります．これよりも周波数が高い領域は「紫外光」で約 30 PHz ぐらいまでの範囲です．さらに周波数が高くなるともう「光」とは呼ばなくなり，軟 X 線，X 線，γ 線と続きます．本章では，光の周波数領域で動作するメタマテリアルのみを扱いますが，このようなメタマテリアルを特に「光メタマテリアル」と呼ぶことにします．

　私たちの目に見える可視光を改めて眺めると，周波数では 375〜750 THz の領域で，電磁波の中のほんの一部分だけであることがわかると思います．図 1.4 に示した文部科学省が配布している「光マップ」には，それぞれの電磁波の特徴が美しい絵や写真とともに紹介されています [2]．光マップでは中央に可視光が配置され，幅広く描かれていますが，横軸は均等ではなく特に可視光

の領域は大きく拡張されています．もし周波数を均等に割り振ると可視光は非常に狭くなります．私たちの目に見える電磁波の範囲はきわめて小さいのです．

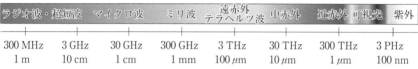

図 1.3 電磁波の波長と振動数

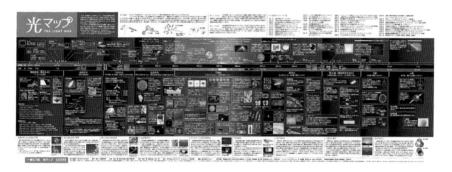

図 1.4 光マップ[2]

1.3　光のエネルギーと強度

　図1.5に示すように，光は波であると同時に粒子の性質も持ちます．光はエネルギーそのものです．エネルギーの単位はジュール（J）です．特に波の性質を意識して表現するときに「光波」と呼びます．波は，互いに干渉して強め合ったり弱め合ったりします．一方，光の粒子は「光子（フォトン）」と呼びます．粒子なので1つずつ数えられます．光子のエネルギー E は，その光の周波数 f で決まり，

$$E = hf \tag{1.2}$$

で与えられます．ここで h は「プランク定数」と呼ばれる定数で，値は 6.626×10^{-34}，単位は J·s です．このように，1つ1つの光子のエネルギーは周波数によって決定され，真空中で波長 400 nm の紫色光の光子1つのエネルギーは，波長 800 nm の赤外光の光子の2倍のエネルギーを持っています．光の波全体が持つエネルギーは，光子1個のエネルギーに光子の数を掛けたものになります．

　明るい光や暗い光があるように，光には強度があります．強度は，単位時間，単位面積あたりに到達する光子の数で決まり，「光量子束密度」と呼ばれます．一方，光子のエネルギーを考慮して，単位時間，単位面積あたりの光のエネルギーを基準にしたものが「放射照度」です．放射照度の単位は W/m² = J/(s·m²) です．分野によっては，光のエネルギーの単位として「電子ボルト（eV）」を用いることがあります．1 eV は 1 V で加速された電子1個のエネルギーで，ジュールに換算すると，

$$1\,\mathrm{eV} = 1.602\,18 \times 10^{-19}\ [\mathrm{J}] \tag{1.3}$$

です．これを使って式1.2を変形して光子のエネルギーを記述すると，

$$E = 1.239\,84 \times 10^{-6}/\lambda\ [\mathrm{eV}] \tag{1.4}$$

になります．

　電場すなわち電界の強さの単位は V/m であり，1 m あたり何 V の電圧がかかっているかが基準です．これが電場の波の振幅に相当します．しかし，私たちが光の強度を測るとき，電場や磁場が振動する様子を直接計測することはできません．例えば，波長 600 nm の赤色光の周波数は 500 THz〔3×10^8/(600

$\times 10^{-9}) = 0.005 \times 10^{17} = 5 \times 10^{14}$ Hz]なので,1秒間に500兆回も振動します.このように可視光の周波数はあまりにも高いので,私たちの目や今日現在この世に存在している光検出器はその波の振動を直接検出できないのです.私たちが感じる光の強度は,電場の強さをある時間内で平均化した値です.この値は光の電場の振幅の2乗に比例します.

光にはこれ以外にもさまざまな単位が使われます.例えば,私たちが感じる明るさを表すときは「照度」を使い,単位はルクス(lux)です.また点光源から出る立体角あたりの光束は「光度」と呼ばれ,単位はカンデラ(cd)です.そして,光度に光源の面積を掛けたものが「輝度」になります.

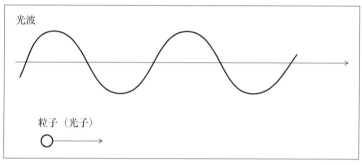

図 1.5 光波と光子

1.4 偏波, 偏光

　光は横波なので,電場や磁場の振動方向と光の進行(伝播)方向は互いに直交しています.そして同じ方向に進んでいる光でも,光が物体に当たったときに電場,磁場の振動方向が異なるとその効果が違ってくる場合があります.この光の振動方向を,光の「偏波」もしくは「偏光」と呼びます.特殊な場合を除けば,電場と磁場は互いに直交しているので,電場の振動方向が決まれば磁場の振動方向は自動的に決定できます.そこで電場の振動方向を光の偏光方向と定義します.

　光の偏光方向が常に同じで変化しないのが「直線偏光」です.中でも大地を対象とした場合のように水平もしくは垂直の基準が明らかな場合は,「垂直偏光」や「水平偏光」のように呼ぶこともあります.偏光は向きがあるのでベクトルで表すことができ,合成や分解も可能です.電場も磁場も波の進行方向に対して垂直な平面内で振動しているので2次元ベクトルですから,例えば縦と横の2方向に分解することができます.また反対に2つのベクトルの合成で任意の偏光状態をつくり出すこともできます.

　例えば,図1.6(a)のように偏光を垂直と水平の2つの偏光に分解するとしましょう.この場合,垂直偏光とは,垂直成分のみがあって水平成分が0の偏光状態だと考えればよく,水平偏光はその反対です〔図1.6(b)〕.では,図1.6(c)のような45°方向の偏光はどうかというと,垂直方向の偏光と水平方向の偏光が同じタイミング(位相)で振動していると考えれば説明できます.このように直線偏光は比較的理解しやすいと思います.

　水平,垂直の2つに分けた偏光は,必ずしも同じタイミングで振動する必要はありません.例えば,水平偏光は$\cos \omega t$で振動しているのに対し,垂直偏光が$\sin \omega t$で振動していても構いません.この場合は,水平偏光の振動と垂直偏光の振動が90°の位相のずれを持っているので,合成された光の電場の振動方向は,光が伝播するにつれて円を描くように変化します.これが「円偏光」です〔図1.6(d)〕.もし位相のずれ量が90°から変わったり,もしくは水平方向と垂直方向の成分の強度が等しくない場合は偏光の軌跡は楕円になります.これが「楕円偏光」です.光の偏光状態は楕円偏光が一般的で,楕円の比率が

たまたま 1:1 になったのが円偏光，片方が潰れて平らになったのが直線偏光と解釈することもできます．

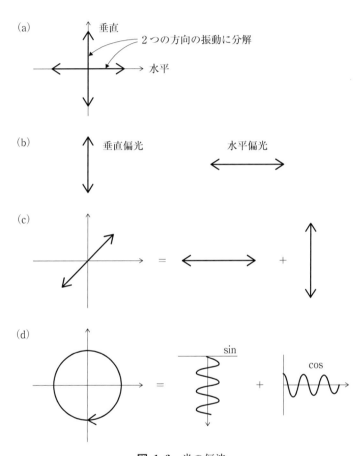

図 1.6 光の偏波
(a) 光の偏光は直交する 2 つの直線偏光に分解できる．(b) 垂直偏光と水平偏光．(c) 45°方向に傾いた直線偏光は，水平，垂直の直線偏光が同位相で合成されたものと等価．(d) 円偏光は水平偏光と垂直偏光が 90°($\pi/2$) の位相差で合成されたもの．

1.5 屈折率

光が真空中を伝播する速度 c は秒速 3.0×10^8 m です．地球7周半に相当する距離をわずか1秒で進みます．この速度は真空中では光の波長や周波数によらず一定ですが，物質の中では変化します．光速が変化すると図1.7(a)に示すように波長が伸び縮みします．そして，真空中での光の速度と物質中での光の速度との比が，その物質の「屈折率」を与えます．

例えば，水の中では光速は 2.25×10^8 m/s に減速します．そのため，水の屈折率は，

$$3.0 \times 10^8 / (2.25 \times 10^8) = 1.333 \tag{1.5}$$

となります．これが屈折率 n という物理量の定義です．

さらに屈折率を複素数に拡張すれば，物質が持つ光吸収の特性も屈折率の中に取り込むことができます．複素数に拡張した屈折率を「複素屈折率」と言い，これを n' とすると，

$$n' = n - i\kappa \tag{1.6}$$

となります．ここで，n は複素数に拡張前の屈折率，κ は「消衰係数」です．

消衰係数はほとんどの物質で正の値です（κ が正のとき光が吸収されるように符号が決められています）．そのような物質中では，図1.7(b)のように光は伝播するに従って吸収されて減衰します．この減衰の速さを表すのが消衰係数 κ です．κ が負になる特殊な例としてレーザーがあります．レーザーは，"Light Amplification by Stimulated Emission of Radiation"の略で，直訳すると「輻射の誘導放射による光の増幅」です．レーザーを構成する物質，いわゆるレーザー媒質中では光は増幅されるので，実効的な消衰係数は負になります．もちろん光が増幅されるということは，その分のエネルギーがどこか別のところから供給されなければなりません．エネルギーの供給なしに κ が負になることはありません．

詳細は専門書に譲りますが，物質の誘電率を ε，透磁率を μ，また真空の誘電率を ε_0，透磁率を μ_0 とすると，屈折率は，

$$n = \sqrt{\frac{\varepsilon}{\varepsilon_0}} \times \sqrt{\frac{\mu}{\mu_0}} \tag{1.7}$$

でも与えられます[3]．ここで $\varepsilon/\varepsilon_0$, μ/μ_0 はそれぞれ物質の比誘電率，比透磁率と呼ばれます．物質の屈折率は，比誘電率と比透磁率の平方根の掛け算になります．

ちなみに，ε, μ が実数の場合は 2 つの $\sqrt{}$ の中を先に掛け算してから平方根を計算しても構いませんが，一般には ε, μ は複素数なので，別々に平方根を取ってから掛け算を行うほうが無難であることを指摘しておきます．

なお，可視光の周波数では，自然界に存在するほぼすべての物質の透磁率 μ は，真空の透磁率 μ_0 と等しくなります．そのため，式 1.7 は，透磁率の項（$\sqrt{\mu/\mu_0}$）が 1 となって消え，屈折率は，

$$n = \sqrt{\frac{\varepsilon}{\varepsilon_0}} \tag{1.8}$$

のように誘電率だけで記述されます．

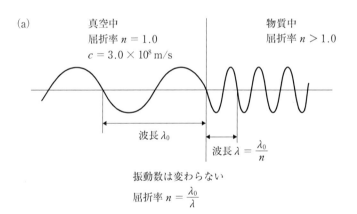

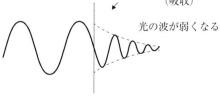

図 1.7 光の波長と屈折率の関係

1.6 光の屈折と反射

2つの異なる物質の境界面に光が到達すると，その境界面で光の一部は反射と屈折を起こします．この様子が図1.8です．界面を形成する2つの物質の屈折率を n_1, n_2 として，n_1 側から n_2 側へ光が伝播しているとします．界面への光の入射角を θ_1，屈折角を θ_2 とすると，これら4つの変数の間には，

$$n_1 \times \sin\theta_1 = n_2 \times \sin\theta_2 \tag{1.9}$$

が成り立ちます．これが「屈折の法則」もしくは「スネルの法則」です[3]．先にも少し触れましたが，じつは屈折率は実数ではなく複素数です．このスネルの法則は，屈折率が実数であっても複素数であってもさらには，屈折率が負の値であっても常に成立します．

この式では4つの変数が1つの式で結合されているので，4つのうち3つが決まれば残り1つを算出できることになります．

物質界面での光の反射は屈折と比べると簡単で，入射角を θ_1，反射角 θ_1' とすると，

$$\theta_1 = \theta_1' \tag{1.10}$$

となります．

屈折率が n の物質中では，光の伝播速度が変化して，$1/n$ になります．光の周波数は物質中でも変化しないので，光の速度の変化は光の波長の変化として現れます．すなわち，屈折率 n の物質の中での光の波長 λ は，真空中での光の波長 λ_0 を用いると，

$$\lambda = \frac{\lambda_0}{n} \tag{1.11}$$

となります．もし，図1.9(a)に示すように，もし物質の境界面があるにもかかわらず光がそのまま直進したとすると，境界面において2つの波にずれが生じてしまい，おかしなことになります．このようなおかしなことが生じないように光はつじつまを合わせます．すなわち，図1.9(b)のように2つの物質の境界面において，境界面に平行な方向の波が連続するように（山と山，谷と谷が合致するように）光の進行方向が変化します．これが「屈折」です．

1.6 光の屈折と反射

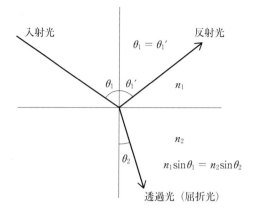

図 1.8 光の反射と屈折

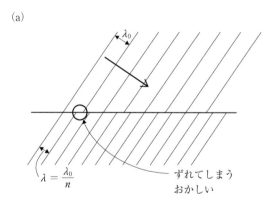

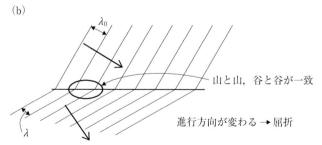

図 1.9 光はなぜ屈折するのか？ どのように屈折するのか？

1.7　フレネルの反射率と透過率

物質の界面で光が反射，屈折を起こす場合，どれだけの割合の光が反射され，どれだけが屈折するのでしょうか？　これを与えるのが「フレネルの式」です．

フレネルの式は，

$$R_{\mathrm{p}} = \left|\frac{n_2\cos\theta_1 - n_1\cos\theta_2}{n_2\cos\theta_1 + n_1\cos\theta_2}\right|^2, \quad R_{\mathrm{s}} = \left|\frac{n_1\cos\theta_1 - n_2\cos\theta_2}{n_1\cos\theta_1 + n_2\cos\theta_2}\right|^2$$
$$T_{\mathrm{p}} = \left|\frac{2n_1\cos\theta_1}{n_2\cos\theta_1 + n_1\cos\theta_2}\right|^2, \quad T_{\mathrm{s}} = \left|\frac{2n_1\cos\theta_1}{n_1\cos\theta_1 + n_2\cos\theta_2}\right|^2 \quad (1.12)$$

と記述されます．

式は少し複雑ですが，界面を形成する2つの物質の誘電率と透磁率，そして光の入射角度が決まれば，その光の反射率や透過率を計算することができます．

この式を使ってガラス表面での光の反射率，透過率と入射角との関係を求めたものが図1.10です．ここでは，真空の比誘電率と比透磁率をともに1.0，ガラスの比誘電率を2.525，比透磁率を1.0と仮定しました．図から光がガラスに垂直に入射した場合の強度反射率は4％程度だとわかります．また，ガラスが完全に透明で吸収がないとすると，ガラスの表面と裏面でそれぞれ4％ずつ反射されるので，ガラスを透過する光の透過率は92％になります．

入射角が0°から外れて境界面に斜めに光が入射すると，反射率は偏光方向に応じて異なる値をとります．光の分野では，電場が入射面[*2]に平行に振動している状態をp偏光，垂直に振動している状態をs偏光と呼びます．入射角0°の垂直入射では，p偏光とs偏光の区別はないので反射率は同じです．p偏光の反射率は，その値から一度低下してその後上昇し，入射角90°では反射率は100％に近くなります．s偏光の反射率は，垂直入射（入射角0°）から単調に増加し，やはり入射角90°で反射率100％に近づきます．このように，同じ入射角の反射率を比較すると，s偏光の反射率のほうがp偏光よりも常に高くなります．そのため，このs偏光をカットするような偏光板を使えば，反射光を効果的に抑えられます．この特徴を利用したのがアウトドアで使う偏光サ

[*2]：入射面とは，界面に垂直で入射光線と反射光線とを含む平面です．

ングラスや偏光ゴーグルです．

p偏光の反射率に着目すると，入射角35〜65°の範囲は特に反射率が低いことがわかります．p偏光がないので，この角度内では偏光板を用いてs偏光をカットすれば，ほとんどの反射光は消えます．例えば，s偏光をカットする偏光板を通して水面を見ると，この角度方向では水面からの反射光はなくなるので，反射光に邪魔されずに水の中を見ることができます．また，学校で黒板を見るとき，特に前列の端に着席していると黒板の表面で光が反射してチョークの文字が見にくかったという経験をお持ちの方も多いでしょう．このときも反射光のほとんどはs偏光なので，これをカットする偏光板を通して黒板を見ると，反射光が消えて文字が見やすくなります．

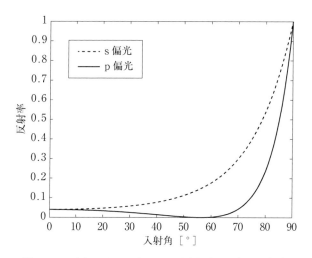

図 1.10 空気-ガラス ($n = 1.5$) 界面での光の反射率

1.8　ブリュースターと全反射

　図1.10をもう一度見てください．p偏光には，反射率が0になる入射角が存在します．この角度は「ブリュースター角（Brewster angle）」と呼ばれます[*3]．真空とガラス（屈折率1.5と仮定）の界面におけるブリュースター角は56.3°です．一方で，s偏光には反射率が0になる入射角はありません．すなわち，ブリュースターはp偏光の光にしか発現しません．ブリュースターについては第4章で改めて述べますが，屈折率が異なる境界面があるにもかかわらず光がまったく反射しない状態をつくる手法の1つとして，レーザー共振器の内部などで利用されています．

　図1.11は，図1.10とは反対にガラスから真空に光が進む場合の反射率を計算したものです．入射角が41.8°を超えると反射率が100％になっています．この例のように，光が屈折率の高い材料から低い材料に進む場合は，入射角がある角度以上になるとすべての光が反射されます．これが「全反射」という現象です．この全反射が起こるギリギリの入射角が「臨界角」です．

　金属をコートしてつくった鏡では，金属による光の吸収が起こるので反射率を100％にすることはできません．可視光領域では，高精度なアルミニウムミラーでも反射率はたかだか95％程度が限界です．一方，全反射の場合は，表面にキズや細かな凹凸などのような全反射状態を壊す原因がなければ，その反射率は完全に100％になります．

　光ファイバーは，図1.12に示すように中央に屈折率の高いコアがあり，そのまわりをコアよりも屈折率が低いクラッドが囲った構造になっています．光はコアの中に入射され，コアとクラッドの境界面で全反射をくり返しながらコアの中を伝播していきます．この全反射状態が保たれる範囲であれば，光ファイバーを曲げても光は漏れることなく伝わるのです．これ以外にも，例えば一眼レフカメラのあたまのところには，「ペンタプリズム」という特殊なプリズムが入っています（図1.13）．このプリズムは五角形なのでこのような名前が

[*3]：筆者が知る限り，反射率が0になる入射角は「ブリュースター角」と呼ばれますが，反射率が0になる現象そのものには名前がついていないようです．本書では，これを「ブリュースター現象」もしくはたんに「ブリュースター」と呼ぶことにします．

つけられていて，全反射を巧みに使いながらレンズに入った像をファインダーに届けています．

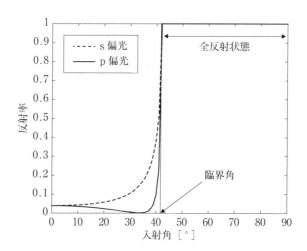

図 1.11　全反射〔ガラス($n = 1.5$)-空気界面〕

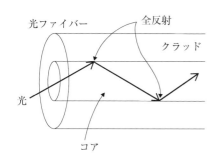

図 1.12　光ファイバー

図 1.13　一眼レフカメラの中のペンタプリズム　株式会社 ニコン 提供．

1.9　光の吸収とエネルギー準位

　物質を構成する分子や原子は，その状態に応じて異なるエネルギーを持ちます．原子の中の電子は，K殻，L殻，M殻，……のように電子軌道の中に捕捉されていますが，異なる軌道の電子は異なるエネルギーを持っています．また分子は，古典力学的な解釈では，原子をおもり，原子間の結合をばねとして表現されます．おもりがばねでつながっているので，ばねが伸び縮みしておもりが振動します．この分子が振動している状態と振動していない状態との違いが，分子のエネルギーの差で，活発に振動しているほうがエネルギーが高い状態です．物質にはこのように電子状態や振動で決まる「エネルギー準位」があり，エネルギー準位間のエネルギー差が「エネルギーギャップ」です．

　一方，光の量子である光子もエネルギーを持っており，1.3節で述べたとおり，その値は光の周波数fのみで決まりhfで与えられます．

　図1.14に示すように物質のエネルギーギャップに相当する光子が物質に照射されると，物質を構成する原子もしくは分子は光子のエネルギーをもらって高いエネルギー準位に遷移します．その代わりに光子は消滅します．これが光吸収現象です．電子準位間のエネルギーギャップはおおむね可視光の光子が持つエネルギーと同じで，分子の振動や回転に由来するエネルギーギャップは，赤外光の光子が持つエネルギーとほぼ同じです．

　一方，光が物質に照射されても，その光子のエネルギーが物質のエネルギーギャップに満たない場合は，光の吸収は起こりません．これは光子の数とは関係なく，1つ1つの光子が持つ周波数すなわち光子のエネルギーによって決定されます．

　例えば，私たちの皮膚は紫外光が照射されると，メラニンが生成されて色が黒くなりますが，赤外線ストーブの前で何時間頑張っても日焼けは起こりません．これはメラニンの合成を促す反応が紫外光のエネルギーに相当するバンドギャップを持っているからです．赤外光はメラニンの合成反応を促進させることはできませんが，物質の振動準位に相当するエネルギーを持っているので分子の振動は励起され，分子は活発に振動するようになります．だから赤外線ストーブの前では熱が発生してポカポカ暖かく感じるのです．別の見方をする

と，透明な物質は短い波長域にのみ吸収を持つ非常に大きなエネルギーギャップを持った物質ということになります．

物質のエネルギー準位はその物質の色とも密接に関係しています．物質に白色光を照射したときその物質が特定の波長の光を吸収すると，吸収されなかった残りの光が観測されるので，物質に色がつきます．例えば，紫色の光のみを吸収する物質に白色光を照射すると，その物質は黄色く見えます．反対に物質が赤色の光のみを吸収すると，その物質は青っぽい色に見えます．紫色の光は光子のエネルギーが高いので，紫色の光を吸収する物質（黄色に見える）のエネルギーギャップは大きく，反対に赤色の光を吸収する物質（青色に見える）のエネルギーギャップは小さいことになります．

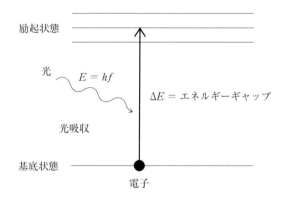

図 1.14 物質のエネルギー準位と光子のエネルギー

1.10 マクスウェルの方程式

最初に述べたように,マクスウェルはそれまで知られていた電磁気学現象を記述する式を取りまとめて,それらを統一させた理論体系を構築しました.その成果が,マクスウェルの方程式と呼ばれる以下の4つの微分方程式です.古典電磁気学の範囲に限れば,この式を解けばさまざまな光学現象や空間を伝播する電磁波を記述することができます.

$$\mathrm{div}\, \boldsymbol{D} = \rho \tag{1.13}$$

$$\mathrm{div}\, \boldsymbol{B} = 0 \tag{1.14}$$

$$\mathrm{rot}\, \boldsymbol{E} = -\frac{\partial \boldsymbol{B}}{\partial t} = -\mu \frac{\partial \boldsymbol{H}}{\partial t} \tag{1.15}$$

$$\mathrm{rot}\, \boldsymbol{H} = \boldsymbol{j} + \frac{\partial \boldsymbol{D}}{\partial t} = \boldsymbol{j} + \varepsilon \frac{\partial \boldsymbol{E}}{\partial t} \tag{1.16}$$

マクスウェルの方程式の詳細は,本書の範囲を超えますので専門書を参照いただくとして(例えば[3]),それぞれの式の概要だけを紹介しておきます.

まず式 1.13 ですが,この式を理解するために図 1.15(a) のような空間の中に閉じた曲面を考えます.形は自由です.式 1.13 は,この閉曲面から出ていく電束密度 $\boldsymbol{D}$[*4] が,その閉曲面が囲っている体積の中にある電荷の量に等しいことを示しています.式 1.14 は,式 1.13 と同じものを磁場にあてはめたものです.注目すべきは式 1.14 の右辺が 0 で固定されていることです.これは,磁束密度 $\boldsymbol{B}$ については閉曲面から出ていく量と入ってくる量がいつも等しく,そのために正味の量は常に 0 になることを示しています〔図 1.15(b)〕.言い換えると磁場にはN極だけとかS極だけという磁荷(モノポール)が存在しないことを示しています.式 1.15 は,電場の強さに片寄りがあれば(実際には渦があれば)磁場が時間的に変化すること,反対に磁場が時間的に変化すると電場の渦ができることを示しています〔図 1.15(c)〕.そして最後の式 1.16 は電場と磁場を入れ替えて,電場が変化したり電流が流れると磁場の渦ができること〔図 1.15(d)〕,また磁場の渦があれば電流が流れたり電場が変化することを示しています.

---

*4:電束密度とは電場の強さだと考えてください.磁束密度についても同様です.

マクスウェルの方程式から導かれる1つの成果は，電磁波が波として空間を伝わり，その波の進行方向と電場や磁場は互いに直交している横波であることを明らかにしたことです．

テレビやラジオで利用される電波や，電子レンジや携帯電話，無線通信で利用されるマイクロ波，そして赤外光，可視光，紫外光，X線からγ線まで，あらゆる電磁波はこのマクスウェルの方程式に従います．これほど多種多様な波がじつは同じ電磁波であって，それらすべてが同じ方程式に従うというのは驚くべきことです．

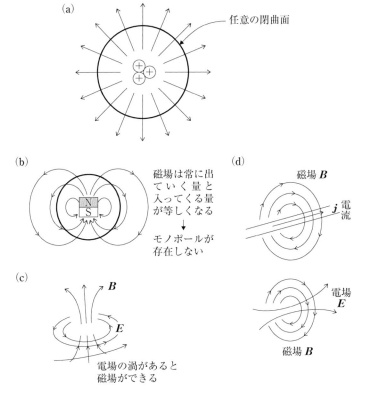

図 1.15 マクスウェル方程式のイメージ
(a) 出ていく電気力線の数は，中の電荷と同じ．(b) 磁場は必ず出ていく量と入ってくる量が同じ．(c) 電場のrot（渦）は，磁場の変動と同じ．(d) 磁場のrot（渦）は，電場の変動と流れている電流の和と同じ．

1.11 金属の屈折率

　透明な誘電体の屈折率は実数ですが，光を吸収する物質の屈折率は複素数になって少々取り扱いが複雑です．強い吸収を持つ物質の代表が金属です．金属は光をよく反射するので，光の吸収とは無縁と思われるかもしれませんが，直射日光に照らされた自動車のボンネットやマンホールが思った以上に高温になっていて驚いたという経験はあるでしょう．金属は光を非常によく吸収する物質なのです．

　金属が金属光沢を示すのは，内部の自由電子が光の電場に応答して振動するからです．自由電子は照射された光の電場を打ち消すように動きます．その結果，電場は金属の中に侵入できません．これを「シールド効果」と呼びます．もし自由電子の動きに制限がなく，瞬時に移動できるなら，光は完全にシールドされて金属中にはまったく侵入できませんが，実際には電子が動く速度には限界があり，光は金属の中にわずかだけ侵入します．自由電子がどれだけ速く振動できるかは金属の種類で決まり，一般に電気抵抗の小さな金属の中の自由電子は高い周波数まで追従し，光が侵入する深さは浅くなって反射率は高くなります．

　この金属の特性を詳しく記述したのが「ドルーデモデル（Drude model）」です．ドルーデモデルでは，金属の比誘電率 ε_r は，角周波数 ω の関数となり

$$\varepsilon_r(\omega) = 1 - \frac{\omega_p^2}{\omega(\omega + i\gamma)} \quad (1.17)$$

と記述されます[4]．ω_p はプラズマ周波数[*5]，γ はダンピング係数と呼ばれ，ともに物質固有の値です．もしダンピングが 0 なら，式 1.17 は，

$$\varepsilon_r(\omega) = 1 - \frac{\omega_p^2}{\omega^2} \quad (1.18)$$

と簡略化されます．図 1.16 は，式 1.18 から導かれる金属の比誘電率の周波数

[*5]：本来は ω_p は「プラズマ角周波数」と書くべきですが，通常「プラズマ周波数」と呼ばれるので本書もそれに従っています．角周波数 ω と周波数 f とは，

$$\omega = 2\pi f$$

の関係で結ばれており，両者の間には 2π の違いしかないためです．以降（2.8, 2.10, 2.11節など）でも角周波数と周波数とを混在させているところがあります．

依存性を図示したものです．プラズマ周波数は銀（$\omega_p = 14.0 \times 10^{15}\,\mathrm{s}^{-1}$）を用いました．低い周波数では金属は負の比誘電率を示し，周波数が上がるにつれて比誘電率の値も増加します．そしてちょうど比誘電率の値が0になる周波数をプラズマ周波数と呼びます．

比誘電率の値が負であるということは，式1.8から屈折率が純虚数であることを意味します．純虚数の屈折率とは，その物質の中では光の電場が指数関数的に減衰することを意味します．すなわち光が金属中に侵入できないことと同じです．

ドルーデモデルは最も簡単なモデルであり，実際の金属では電子の散乱や電子のバンド間の遷移などの影響でドルーデモデルだけでは記述できない誘電率の変化もたくさん存在します．

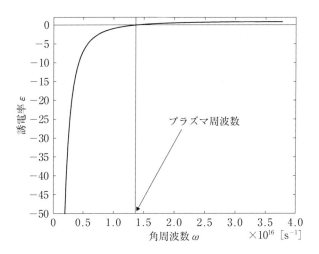

図 1.16　ドルーデモデルで求めた金属の誘電率分散

1.12 表面プラズモン

　金属内部の自由電子のように自由に振動できる荷電粒子に，光のような振動する電場が照射されると，その荷電粒子は電場に応答して振動します．この荷電粒子の振動の中には，たくさんの粒子が集団的に縦波振動を起こして，金属の表面を波のように伝播するものが存在します．これが「表面プラズモン」です．別の言い方をすると，表面プラズモンは，周波数が決まると波数[*6]が一意に決まる荷電粒子の波です．このように周波数と波数とが1対1に決まることが「波」として存在するための必要条件です．図1.17は，表面プラズモンの周波数と波数の関係を図示したものです．これを分散特性（もしくは分散関係）と呼びます．この図には真空中を伝播する光波の分散特性（light lineと呼ばれる直線）もあわせて示してあります．

　真空中を伝わる波の周波数 f と波数 k との間には，

$$f = c/\lambda = ck \tag{1.19}$$

の関係があるので，f と k の関係は傾き c の直線になります．この直線がlight lineです．

　一方，表面プラズモンの分散特性は曲がっています．そして，周波数を固定して伝搬光と表面プラズモンの波数を比較すると，表面プラズモンの波数は伝搬光の波数よりも常に大きくなっています．すなわち，表面プラズモンは同じ周波数を持つ伝搬光よりも常に大きな波数を持つことがわかります．このように伝搬光と表面プラズモンの波数は異なるので，金属表面に光を照射するだけでは表面プラズモンを励起することはできません．

　上で述べた表面プラズモンは，金属表面を波のように伝播するので「伝播型表面プラズモン」と呼ばれています．表面プラズモンにはもう1つ「局在型表面プラズモン」と呼ばれるものがあります．これは，ナノメートルサイズの金属微粒子などに励起されます．ナノメートルサイズの金属微粒子に光が照射されると微粒子内の自由電子が集団的に振動します．これが局在型表面プラズモ

---

*6：波数とは，単位長さあたりに波がいくつあるかを示す量です．1を単位として $1/\lambda$ で定義する場合と，2π を単位として $2\pi/\lambda$ を波数とする場合があります．後者は数式を解く場合に便利になるために利用されます．

1.12 表面プラズモン

ンです．局在型表面プラズモンは，金属表面を波のように伝播するわけではないので，周波数と波数との間に1対1の関係が成立しなくても構いません．

ヨーロッパの大きな教会を訪れると，色鮮やかなステンドグラスを見る機会があります．あのステンドグラスの色はガラスの中の金属微粒子に励起される局在型表面プラズモンの吸収によるものです．我が国でも，江戸切り子や薩摩切り子など切り子硝子細工がありますが，あの硝子の赤や青の色も金属微粒子の局在型表面プラズモンがその起源です．金属が金や銅なら赤色，コバルトなら青，クロムが混ざると緑色になります．ガラスの中に閉じ込められた金属ナノ粒子が発色しているので，紫外光が当たっても壊れません．そのため何百年経っても色あせず，鮮やかな色を保つのです．

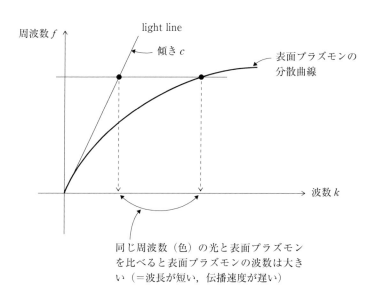

図 1.17 表面プラズモンの分散曲線
直線は light line（自由空間中を伝播する光波の分散）．

1.13 分散と群速度

物質の屈折率や誘電率，透磁率は物質ごとに値が異なりますが，それらは温度や圧力などの環境に応じて変化します．また，光の周波数が異なっても値は変化します．このように光の周波数に応じて物理量の値が変化することを「分散」と呼び，例えば屈折率分散，誘電率分散などのように使います．三角プリズムに白色光を入射すると虹色のスペクトルが現れるのは，プリズムの材料に屈折率分散があって屈折する角度が波長ごとに微妙に異なるからです．

先に述べたように，屈折率は，真空の光速と物質中の光速との比です．そして光速は，例えば，光の波の山1つに着目して，その山がどの速度で空間中を伝播するかで定義します．この光速の定義は理解しやすいと思います．ところが，インターネットで使う光通信のように光に情報を乗せて信号を送る場合，その「信号」が伝わる速度はこの光速とは異なります．図1.18に描いた波は，紙面の大きさに制限があるため前後が切られていますが，本来は無限につながった形をしています．無限につながっているので山の数も無限個ありますから，波の山が移動する速度を求めようとしても，追いかけているのがどの山かわからなくなります．すなわち山を追いかけるには，どの山に着目しているかを示す何か印をつけなければなりません．波のどこかに印をつけるためには，いくつかの周波数を持った複数の波が必要です．そして印をつけた波の山は，複数の波が集団的に空間中を伝播して初めて山そのものが移動することになります．そのため，山の移動速度は複数の周波数の波のそれぞれがどのような速度で伝播するかの影響を大きく受けることになり，結果として屈折率分散と強く関係することになります．結論だけを書くと，この印をつけた山の移動速度 f_g は，

$$f_g = \frac{c}{n_g} = c\left(n - \lambda \frac{dn}{d\lambda}\right)^{-1} \tag{1.20}$$

のように書き表され，屈折率を波長で微分した項が入ります．この f_g は，群速度と呼ばれ，また $[n - \lambda(dn/d\lambda)]^{-1}$ は群屈折率と呼ばれます．もともとは，複数の波が群れとなって移動していくというイメージからつけられた名前だと思います．群速度には屈折率の微分が入っているので，もし屈折率が周波

数に対して減少するような周波数領域では群速度は負になります．すなわち，波は右側に伝播しているにもかかわらず，印をつけた山（波のかたまり）は左側に移動するという一見奇妙な現象も起こります．

　先の光通信のように光で情報を送る場合も，永遠に続く波のままでは情報は送れません．例えばデジタル通信では，波の「あり」と「なし」を1と0に対応させて情報を送ります．これは山に印をつけたことと同じです．そのため，情報を送る速度は，光そのものの伝播速度ではなく群速度で決まります．

　このように，光の速度には2種類あります．この群速度と区別するため光の波そのものの移動速度を「位相速度」と呼びます．

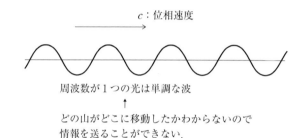

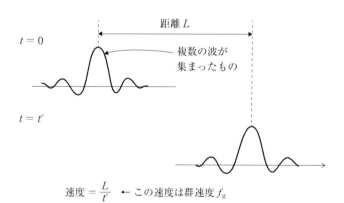

図 1.18　波の山と位相速度，群速度

参考文献

[1] 山本義隆,『磁力と重力の発見1 古代・中世』(みすず書房, 2003年).
[2] 文部科学省,「光マップ」以下から無料でダウンロードできます.
 http://stw.mext.go.jp/series.html
[3] M. Born, E. Wolf 著, 草川徹 訳,『光学の原理Ⅰ』, 第7版, (東海大学出版会, 2005年).
[4] M. Born, E. Wolf 著, 草川徹 訳,『光学の原理Ⅲ』, 第7版, (東海大学出版会, 2006年).

第2章
光メタマテリアル

　「はじめに」で述べたように，メタマテリアルとは「波長より細かな構造体をつくり，その構造と電磁波との相互作用を利用して新奇な機能を人工的に付与した疑似光学材料」です．ポイントは，1) どんな材料を使って，2) どんな構造を，3) どうやってつくり，4) どんな機能を生み出して，5) それを何に使うかです．この章では，これらのうち1)と2)を1つ1つ説明していきます．

2.1 メタマテリアルの概要

「メタマテリアル」という技術は，周波数が数 kHz の電気信号から数 GHz 領域のマイクロ波を経由して，数 THz の遠赤外光（最近はテラヘルツ光とも呼びます）や数百 THz の可視光をも含む，きわめて広い周波数範囲にまたがる技術です．さらに最近では，この概念を拡張して音波や地震波，水面の波などに対するメタマテリアルというのも提案されています．いずれも波と物質との相互作用に起因するさまざまな物理現象を最大限に活用することで，これまでにない新しい機能や効果を実現する物質を人工的につくり出そうという試みです．この主旨に沿っていれば，どんなものでもメタマテリアルと呼んでも構わないので，「メタマテリアルはこんな形でなければならない」とか，「この原理を使わなければならない」という厳密な定義はありません．しかし，光領域で動作するメタマテリアルでは，そのほとんどが光の波長より小さな共振器をつくってこれを単一素子とし，この単一素子をホストとなる材料の中に無数に集積化したものが主流です．共振器が集積化されているので，メタマテリアルもいずれかの周波数に共振する性質を持っています．

「共振器を無数に集積化して……」と書くと難しそうに感じるかもしれませんが，じつは共振器が無数に集積化されている状態とは，分子や原子が集まって物質をつくっている状態と変わりません．図 2.1(a) に示すように，私たちには透明でサラサラした液体である水もミクロに見ると水分子という粒の集まりであることを知っています．この粒のサイズが非常に小さいので，私たちには粒の1つ1つを見ることも感じることもできないのです．メタマテリアルも同じです．図 2.1(b) のように，波長より細かな共振器を設計してそれをつくるという行為は，極微細加工技術を使って人工の分子や原子をつくり出そうとする行為とも解釈できます．実際，メタマテリアルを構成する基本素子のことを「メタ原子」や「メタ分子」と呼ぶこともあります．メタ原子とメタ分子については明確な使い分けが定義されているわけではありませんが，1つのユニット構造が単一の共振器でできている場合はメタ原子で，1つのユニットが複数の共振器（構造）の複合体でできているときにメタ分子という表現が用いられているようです．もちろん，メタ原子やメタ分子は，通常の物質でできて

います.ただ,人工的に加工した構造(形状)を利用することで,素材となった物質の特性から離れて独自の特性や機能をつくり出せること,これがメタマテリアルのおもしろさです.

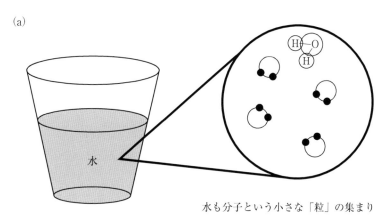

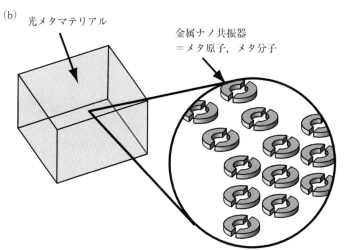

図 2.1 水と水の分子
水という液体は水分子という粒でできている.メタマテリアルはメタ原子(メタ分子)でできている.

2.2 メタマテリアルを構成する素子

メタマテリアルに使われる共振器素子の代表の1つが分割リング共振器 (Split-Ring Resonator：SRR) です．これは図2.2に示すように，切れ込みの入った同心円状のリングが2つ互いに組み合わされた形の共振器で，1999年に英国の Pendry らによって提案されました[1]．彼らの発表以前にも類似のアイデアはいくつか発表されていますが，Pendry らの論文が注目されるようになったのは，特に非磁性材料を用いて磁気応答を示す人工原子を設計し，それを用いて人工的に電波領域で動作する磁性体をつくり出すという提案が含まれていたからです．これはまさにメタ原子の概念そのものです．後で詳しく述べるように，自然界に存在する物質は可視光のような高い周波数で変動する磁場には直接応答することができません．すなわち，光の周波数で振動する磁場に反応する磁性を持つ物質はこのほかには存在しません．Pendry らの提案は，自然界に存在する物質では得られない電磁気学的特性を持った物質を人工的につくり出そうとしたものでした．

さらに，彼らの論文が特に注目されたもう1つの理由は，SRR を使えば負の屈折率を示す物質が実現できることが示唆されていたからです．負の値の屈折率を持つ物質（以下，負屈折率物質）は，40年以上も前に Veselago によって理論的に示されたものです[2]．屈折率が負になるには誘電率と透磁率が同時に負にならなければなりませんが，このような物質は自然界には存在しないので，当時はそのような物質を想定しながらその特性を議論するだけでした．

そもそも金や銀のような貴金属では，プラズマ周波数より低い周波数領域では誘電率は負になるため「負の誘電率」を持つ物質は私たちの身のまわりにたくさんあります．しかし，負の透磁率を持つ物質は，少なくとも可視光領域では存在しないため，これをどうやって実現するかが課題となっていました．米国の Smith らは，SRR が発表されてからわずか1年後に，負の誘電率を示す銅ワイヤーアレイ[3]と負の透磁率を示す銅製 SRR アレイとを組み合わせることによって，周波数 4.8 GHz において負の屈折率を持つメタマテリアルをつくっています[4]．彼らが発表したメタマテリアルの写真を図2.3に示します[5]．Smith は，さらにその1年後には，負屈折率物質における負の屈折現象

とそのレンズ効果を実験で示しました[6〜10]．これ以降，さまざまなグループから負の屈折率を持つメタマテリアルが発表されています．

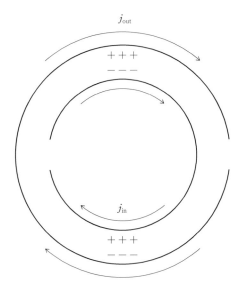

図 2.2 SRR の動作原理

図 2.3 SRR アレイ[5]

2.3 物質の電気的応答と磁気的応答

　自然界に存在する物質の電気応答特性と磁気応答特性の周波数依存性から話を始めます．これを示したのが図2.4です．電気応答とは，光を構成する2つの波のうち電場の波に対して物質がどう応答するかを指します．この電気応答の起源は物質の中の荷電粒子の運動で，原子の中の電子の運動をはじめ，分子の振動や，分子の回転，原子核の格子振動などです．この電気応答の特性は，誘電率εを用いて表現されます．一方の磁気応答とは，光波の磁場成分に対する応答特性のことで，原子の核スピンや電子のスピン，電子の軌道運動を起源とするものです．この特性を記述する物理量が透磁率μです．

　物質の電磁気学的な特性を低い周波数から見ていくと，数百GHzまでの比較的低い周波数領域では，常磁性，反磁性といった磁場応答特性が見られ，負の透磁率の起源となる磁気共鳴現象などがあります．しかしこれらはたかだか数百GHzまでに限られ，ミリ波〜テラヘルツ波付近を境にこれらの磁気応答は消失してどんな物質でもその比透磁率は1.0に固定されます．これは，物質の磁気応答特性の起源のうち最も速度が速い電子スピンでも光周波数で振動する磁場には追従できないからです[11]．電磁波の周波数がこれより高い領域では，電気応答特性が顕著になります．まず分子の回転や振動に起因する電気的な応答が数〜数百THzに現れ，それより高い周波数では電子励起による応答が見られます．電子励起とは1.9節で示したような，あるエネルギー準位にある電子を別のエネルギー準位に遷移させるような応答のことです．このように物質の電気的な応答特性は，高い周波数領域でも存在し，誘電率の値は光学領域では物質ごとまたは周波数ごとに正の値から負の値まで大きく変化します．一方で，磁気応答は完全に消失しているので，どんな物質でもその透磁率の値は真空の透磁率と同じ値になり，比透磁率は1.0になります．このように物質の電磁波に対する応答特性をその自由度という観点から考えると，電磁気学的には電気的な応答と磁気的な応答という2つの自由度があるはずです．しかし光周波数領域では電気的な応答しか存在せず，私たちが利用するのも誘電率だけに限られています[12]．

　そこで，SRRのような共振器構造を波長より小さなスケールで作製し，こ

れを無数に3次元的に集積化した共振器構造体を利用して，光周波数で振動する磁場に応答する人工磁性体をつくり，その実効的な透磁率を1.0以外の値に制御することで，物質の光学特性の自由度を大幅に高める手法が提案されました．これが先に述べたPendryの提案です．

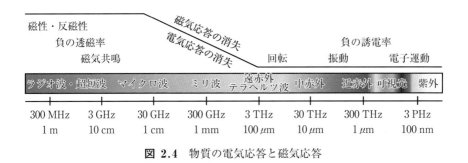

図 2.4 物質の電気応答と磁気応答

2.4 メタマテリアル研究の歴史

SRR に代表されるような，メタマテリアルを構成する共振器の研究の歴史について触れておきます．先に述べたように，4.8 GHz で動作する SRR を用いた負の屈折率物質の実証が初めて行われたのは 2000 年です [4]．それ以降，SRR に関する数多くの実験が行われましたが，そのほとんどはマイクロ波領域に限定されていました．マイクロ波は波長が長いので，その領域で動作する SRR も数 cm～数 mm のサイズでよく，その作製と実験が容易だったことも一因です．加えて，一般に電磁波の周波数が高くなると，金属リングのオーミックロス，すなわち電気抵抗に起因する損失が増大するために，当時は可視光どころかテラヘルツ波の領域ですら SRR で磁気応答を得るのは困難だと考えられていました．しかし，理論面では，2004 年までに英国インペリアルカレッジの Pendry らが約 200 THz までは SRR が動作する可能があることを示し [13, 14]，その後，理化学研究所の我々のグループが可視光領域全域を含む紫外域までの広い周波数領域にわたって負の透磁率を実現できることを証明しました [15]．また，実験面では，2001 年に 10.5 GHz で動作する SRR アレイがつくられ，これを用いて負の屈折現象が直接実験で確認されました（図 2.5）．その後，2004 年に Zhang らが行った 2 重リング SRR を用いた磁気応答の実験において，1.25 THz においても十分大きな磁気応答が得られることが報告されると状況は一変しました（図 2.6）[16]．その後，わずか 1 年の間に 6 THz [17]，60 THz [18]，100 THz [19]，250 THz [20]，そして 370 THz（波長 810 nm）[21] と，可視光領域の一歩手前まで SRR の動作周波数の高周波数化（動作波長の短波長化）が一気に進められました [22]．

また，透磁率を意図的に制御したメタマテリアルを応用することで，自然界の物質では決して実現できない，特異的な光学機能を実現しようとする研究も始まっています．後で詳しく述べますが，例えば，屈折率の異なる 2 つの物質の境界面での光の反射を完全に除去できる「偏光無依存ブリュースター素子」[23] や，さらには，包まれた物質を不可視化する「透明マント」などがすでに提案されています [24, 25]．

2.4 メタマテリアル研究の歴史　37

図 2.5　10.5 GHz で動作する SRR アレイ [6]

図 2.6　1 THz で動作する SRR
文献 [16] の図を改変．

2.5 SRR の動作原理

SRR の特徴はこの共振器が磁気応答を示すことです．そこでまず，SRR の磁気応答の原理について概説します．図 2.7(a) は，Pendry らが提案した 2 重リング SRR（後に 1 重リング SRR が登場するので，区別が必要なところでは 2 重リング SRR と記述します）です．この SRR をホストとなる材料（後の解析のために比誘電率を ε_r とおきます）の中に 3 次元的に集積化してメタマテリアルをつくります〔図 2.7(b)〕[15]．このとき，個々の SRR のサイズを照射される電磁波の波長よりも十分に小さくしておくと，電磁波は 1 つ 1 つの SRR の存在を感知せず，SRR で構成されたメタマテリアルは光にとって均質で一様な物質として振る舞います．なお特段の理由がなければ，一般にはホスト材料は SRR の動作周波数において透明な材料を選択します．

図 2.8 は，x-y 平面内に配置された 2 重リング SRR を z 軸方向から見た図です．2 重リング SRR はリングの一部に"split（分割）"を持つ同心円の 2 つの金属リングから構成されていて，ちょうどアルファベットの"C"をその切れ目が反対向きになるように配置した形になっています．このような構造では，リング部分がインダクタンス成分 L すなわちコイルの機能を，また 2 つのリング間の隙間はキャパシタンス成分 C すなわちコンデンサーの機能を受け持ちます．さらに，リング部は磁場を受けるためのアンテナとしても機能します．このような SRR に，リングを含む平面に対して磁場成分が垂直方向（図 2.8）に振動する電磁波（入射磁場）を照射すると，リングには電磁誘導の原理に従って入射磁場を打ち消すような反抗磁場をつくり出す誘導電流 J が誘起されます．この原理は自転車の発電機と同じです．この誘導電流はリングに沿って流れますが，リングの一部に設けられた分割のためにその流れはさえぎられ，内側と外側のリング間に等しい量の正負の電荷が蓄積されます．そしてこれらの電荷が，リング間のキャパシタンスを介して内側から外側（外側から内側）のリングへと流れることで，2 重リング SRR の構造内に LC 共振の閉回路が構成されます．このとき，SRR の共振周波数は，主に SRR 構造が有する C 成分と L 成分によって，

$$f_0 = \frac{1}{2\pi\sqrt{CL}} \quad (2.1)$$

で与えられます．

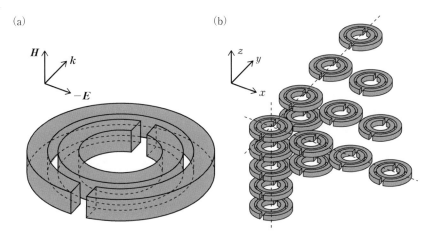

図 2.7 SRR の概観とアレイ

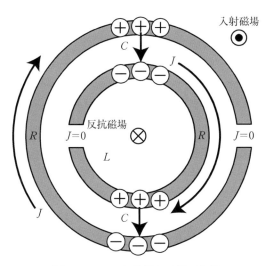

図 2.8 SRR と磁場との相互作用
R は SRR のリング部の電気抵抗，J はリングを流れる電流で，リングの分割部では電流が $0(J=0)$ になる．

2.6 透磁率の変化

共振器の共振周波数付近では,SRR のリング内に大きな誘導電流が誘起され,これがさらに大きな反抗磁場をつくり出すので,図 2.9 に示すように,SRR で構成されたメタマテリアルの巨視的な透磁率 $\mu_{\mathrm{eff}}(f)$ が大きく変化します.別の見方をすると,SRR にその共振周波数付近の電磁波が入射すると,その中の磁場成分が SRR と結合し,光は SRR に共鳴吸収されます.そしてこの磁場共鳴に由来する吸収に対応して透磁率の虚部 $\mu_{\mathrm{Im}}(f)$ が増大します.一般に,線型システムの周波数応答関数の実数部と虚数部はクラマース・クローニッヒ (Kramers-Kronig) の関係によって互いにヒルベルト変換の関係で結ばれています.透磁率に関しても同じで,透磁率の虚数部が変化するとその影響で透磁率の実数部 $\mu_{\mathrm{Re}}(f)$ も変化します.

共振周波数よりも低い周波数領域では,$\mu_{\mathrm{Re}}(f)$ は 1.0 より大きくなり,高周波数側では小さくなります.また,$\mu_{\mathrm{Re}}(f)$ の変化量は,$\mu_{\mathrm{Im}}(f)$ が急峻に変化するほど大きくなります.そのため,$\mu_{\mathrm{Im}}(f)$ が鋭く変化する SRR を用いるほど実効屈折率の変化量は大きくなります.すなわち,特定の周波数のみを吸収するメタマテリアルをつくると,そのメタマテリアルの透磁率は周波数付近で大きく変化します.$\mu_{\mathrm{Re}}(f)$ のベースラインは 1.0 なので,十分大きな Q 値を持つ SRR をつくって,共鳴条件をきちんと整えると $\mu_{\mathrm{Re}}(f)$ 変化量が 2.0 を上回るようになります.すると共振周波数の高周波数側に負の透磁率を示す周波数帯を実現することができます.これが共振型メタマテリアルの磁気共鳴を使って透磁率を制御するメカニズムと,負の透磁率の実現方法です.

なお,$\mu_{\mathrm{Im}}(f)$ の変化のように,共振器の特性を評価する指標として Q 値 (quality factor) があります.Q 値は,

$$Q = f_0/\Delta f \tag{2.2}$$

で与えられます.f_0 は吸収線の中心角周波数でほとんどの場合,共振角周波数と同じになります.Δf は半値全幅で,図 2.9 に示すように値が最大値の半分になる周波数の幅です.分母に Δf があるので,変化が急峻で鋭いものほど Q 値は大きな値になります.

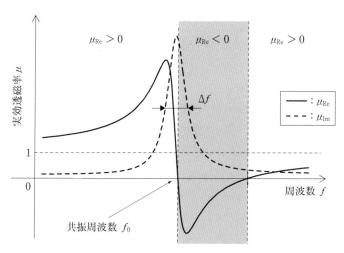

図 2.9 SRR の共振と透磁率の変化

2.7 SRRのQ値と光学定数の変化量

　SRRがつくり出す磁気的な応答特性の起源は，磁場によって駆動されるLC共振回路です．そして共振器構造をうまく設計すると，欲しい周波数に磁気応答を持つメタマテリアルをつくることができます．このような共振器を用いて透磁率を操作する手法では，光波と共振器素子とが強く相互作用し合うので，屈折率などの物理量を大きく変化させることができるというメリットがあります．しかし，その動作は共鳴周波数付近に限られるので本質的に狭帯域で，広い周波数にわたって同じような応答を実現することはできません．さらに共振周波数付近では光が強く吸収されるという吸収損失が生じる点は注意が必要です．このように，メタマテリアルが動作する周波数帯域幅と，メタマテリアルで実現できる屈折率などの物理量の変化量との間には，常にトレードオフの関係が存在することを頭に入れておくことが重要です．この関係を図示したのが図2.10です．レーザー光のようにある周波数の光だけをターゲットにするのでよければ，大きなQ値を持つ共振器でメタマテリアルをつくれば，屈折率変化も大きくできます．しかし，可視光全域で動作するメタマテリアルをつくろうとすると，共振器のQ値を下げなければならないのでそのメタマテリアルで実現できる屈折率の変化量は小さくなります．

　共振型メタマテリアルにおける帯域と物理量の制御幅との間のトレードオフや共鳴周波数付近の吸収の問題を解決しようというアイデアはいくつか提案されています．まず広帯域化については，異なる共振周波数を持つ複数の共振器構造を組み合わせる手法が提案されています．また損失については，メタマテリアルとして利用する周波数を共振周波数から少し外れた周波数に設計する〔$\mu_{\mathrm{Im}}(f)$の値が小さい周波数で使う〕手法や，ホストとなる材料中にレーザー媒質のように利得を持つ材料を用いることで損失を補償する手法などが提案されています．しかし，まだ決定打となるような解決策は実用化されていないので，今後さらに実用化に向けた改善案の登場が期待されています．

2.7 SRR の Q 値と光学定数の変化量　　43

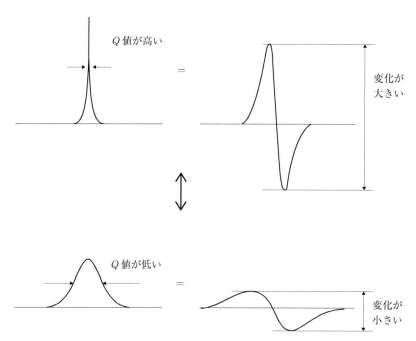

図 2.10　SRR の Q 値と ε もしくは μ の変化量との関係

2.8 貴金属の導電率

　SRRの動作原理は磁気駆動のLC共振回路に基づいているので，その特性はどんな物質でSRRをつくるかに強く依存します．マイクロ波のような光と比較して周波数が低い電磁波にとっては，金や銀などの貴金属は完全導体として近似して取り扱うことができます．しかし，光の領域では例えば金と銀とを同じ材料として取り扱うことはできません．これは金と銀を肉眼で見比べたときに，色が異なることからも明らかです．そのため，光学領域におけるSRRの特性とその設計方針を明らかにするには，まず第1に光学領域における金属のインピーダンスを正確に記述しておく必要があります．もちろんインピーダンスは周波数ごとに変化します．特に，金属のオーミックロス（電気抵抗による損失）は，SRRのQ値を低下させ，磁気応答の減少を招くばかりか，SRRで構成されるメタマテリアルの伝播損失とも直接関係するので，この大小を知ることはメタマテリアルの応用を考えるうえで最も重要です．

　インピーダンスを知るために必要な物理量は，金属の「導電率」です．光学領域における金属の導電率 $\sigma(\omega)$ は，1.11節で述べたドルーデモデルによって，

$$\sigma(\omega) = \frac{\omega_{\rm p}^2 \varepsilon_0}{\gamma - i\omega} \tag{2.3}$$

のように記述できます[26]．ここで，$\omega_{\rm p}$ はプラズマ周波数，ε_0 は真空の誘電率，γ は減衰定数，ω は入射光の角周波数（$\omega = 2\pi f$，f は周波数）です．

　図2.11は，式2.3を用いて金，銀，銅の導電率を計算して，その実数部をプロットしたものです．計算における各金属の $\omega_{\rm p}$ および γ は，それぞれ，金（$\omega_{\rm p} = 13.8 \times 10^{15}\,{\rm s}^{-1}$，$\gamma = 107.5 \times 10^{12}\,{\rm s}^{-1}$），銀（$\omega_{\rm p} = 14.0 \times 10^{15}\,{\rm s}^{-1}$，$\gamma = 32.3 \times 10^{12}\,{\rm s}^{-1}$），銅（$\omega_{\rm p} = 13.4 \times 10^{15}\,{\rm s}^{-1}$，$\gamma = 144.9 \times 10^{12}\,{\rm s}^{-1}$）を用いました[27]．ドルーデモデルのみを考慮しているため，電子のバンド間の遷移などの影響は考慮されていません．そのため，銀は比較的高周波数まで実際の値とよい一致を示しますが，金と銅では500THzより高い周波数領域では実際の値とのずれが大きくなっていることに注意してください．

　例えば，金では周波数560THz（波長530nm）付近に内核電子の遷移に伴う吸収が存在します．この吸収のために金の導電率は周波数570THz以上で

低くなります．

図 2.11 に示した金，銀，銅の 3 つを比較すると，すべての波長において最も高い導電率を示すのは銀です．すなわち銀を使うと最も高い Q 値を持つ SRR をつくることができます．ただし，ここに示した銀の特性はあくまでも金属の銀であることに注意してください．よく知られるように銀は硫化して黒い硫化銀になったり，酸化されて酸化銀になります．このような硫化や酸化された銀では高い導電率は失われます．化学的な安定性までを含めて材料を吟味すると，金は非常に使いやすい材料になります．

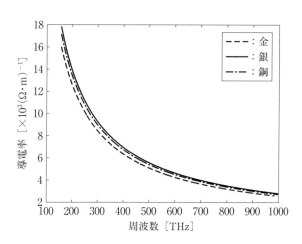

図 2.11 金，銀，銅の導電率の分散

2.9 金属の光学特性 — 内部インピーダンス

次に，金属の内部インピーダンスを求めます．まず簡単化のために，深さ（これをz軸とします）方向に半無限遠の厚みを持つ金属平板の内部インピーダンスを求めます．インピーダンスは慣れない人には難しく感じるかもしれませんが，交流回路における電気抵抗のようなものです．交流回路と直流回路の決定的な違いは，交流の場合は回路に印加されている電圧の波とそこを流れている電流の波との間に位相のずれが生じることがあることです．このような交流の特性を1つの物理量で記述するためにインピーダンスは複素数になります．直流の場合は位相ずれというものは存在しないので，電気抵抗という実数が存在するだけです．

式2.3で定義した金属の導電率を用いて，金属平板内の誘導電流の位相遅れと金属内を流れる変位電流の効果を厳密に考慮すると，金属平板の単位幅・単位長さあたりの内部インピーダンス$Z_s(\omega)$は，マクスウェルの方程式から次のように導出できます[28].

$$Z_s(\omega) = \frac{1}{\sigma(\omega)\int_0^\infty \exp\left[i\omega z\sqrt{\varepsilon_0\mu_0\left\{1+i\frac{\sigma(\omega)}{\omega\varepsilon_0}\right\}}\right]dz} = R_s(\omega) + iX_s(\omega)$$

(2.4)

ここでμ_0は真空の透磁率で，$R_s(\omega)$は表面抵抗率，$X_s(\omega)$は内部リアクタンスと呼ばれる量です．分母の指数関数の中にある1は金属内での変位電流の効果を，$\sigma(\omega)/(\omega\varepsilon_0)$は伝導電流の効果を表し，前者は100 THz以上における金属の誘電体的性質を記述するために導入したものです．図2.12に，金，銀，銅について式2.4の$R_s(\omega)$と$X_s(\omega)$それぞれの周波数依存性を計算した結果を示します．各金属のω_pおよびγは前節で使用したものと同じです．

この図を見ると明らかなように，R_sは0.1 THzから$\gamma/2\pi$で与えられる各金属固有の周波数（数十THzぐらいになります）にかけて増加した後，100 THz付近において一度それぞれの金属固有の値に落ち着き，さらに可視光領域に入ると減少を始めています．金属の抵抗値が可視光に入ると減少するのは，波長が短くなるほど（周波数が高くなるほど）金属の誘電体的な性質が顕

著になる（金属らしさがなくなる）ため表皮深さが大きくなり，実効的に流れる電流量が大きくなるからです．一方で X_s は，周波数が上昇するにつれて急速に減少して可視光領域においては非常に大きな負の値を持つことがわかります．これら R_s と X_s の特性を比較すると，金属でできたSRRの磁気応答に対しては，10 THz付近までは R_s の影響が，100 THz以上では X_s の影響が支配的になることがわかります．実際のSRRは半無限の金属ではなく有限厚みのストリップラインで構成されるので，その伝導特性の解析はさらに複雑になりますが，SRRの内部インピーダンスについてはほぼ同様の周波数依存性を示します[29]．図2.12に示したそれぞれの金属の内部インピーダンスの周波数依存性の違いが，金属の見た目の違い（色の違いなど）を表しています．

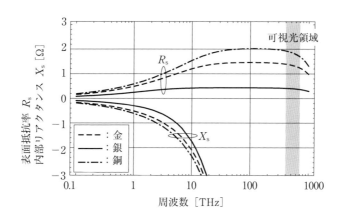

図 2.12　金属の内部インピーダンス

2.10 SRRの磁気応答の周波数特性

前節で求めた金属の光学材料としての特性を用いて，SRRの磁気応答の周波数特性を記述します．メタマテリアルを構成する個々のSRRはLC共振回路なので，SRR構造のキャパシタンスとインダクタンス，さらに金属リングの交流回路としてのインピーダンスが決まれば，古典電磁気学の範囲の問題として解析できます[*1]．具体的には，図2.7に示した2重リングSRRで構成されたメタマテリアルが示す実効透磁率 μ_{eff} の周波数特性は，

$$\mu_{\text{eff}} = \mu_{\text{Re}} + i\mu_{\text{Im}} = 1 - \frac{F\omega^2}{\omega^2 - \frac{1}{CL} + i\frac{Z(\omega)\omega}{L}} \qquad (2.5)$$

と導出されます．ここで，F は単位体積内に占めるSRRの充填率，C はキャパシタンス，L はインダクタンスです．$Z(\omega)$ は金属リングのインピーダンスで，

$$Z(\omega) = \frac{2\pi r Z_{\text{s}}(\omega)}{\omega} \qquad (2.6)$$

と与えられます [15, 29]．

図2.13は，金，銀，銅でできたSRRの磁気応答の周波数依存性を式2.5を用いて計算した結果です．横軸は光の周波数で，縦軸はそれぞれの周波数において実現できる透磁率の実数部の変化量〔図2.9における $\mu_{\text{Re}}(f)$ の最大値と最小値の差〕です．

図2.13から明らかなように，光の周波数が高くなるにつれて実現できる透磁率の変化量（透磁率を変化させられる幅）は小さくなります．3つの金属の比較では，銀が最も大きな変化量を確保できます．これは銀の導電率の高さ，すなわち抵抗率の小ささに起因しています．ただし，くり返しになりますが，これは純粋な金属の銀の場合であって，酸化したり硫化した銀ではこの特性は出ません．

次にメタマテリアルとしての特性を評価するにあたり，先に述べた負の透磁率が実現できるかどうかを1つの基準としましょう．すなわち，μ_{Re} は1.0を

[*1]：SRRの構造をあまり小さくしすぎた場合は（例えば数nm程度以下），量子力学の効果を無視できなくなります．

中心に変化するので，μ_{Re} の変化量すなわち縦軸が 2.0 以上の値を示す周波数領域が負の透磁率が実現される領域を表しています．図 2.13 を見ると，金や銅では，光の周波数が約 20 THz を越えると透磁率の変化量が 2.0 を下回ります．すなわち，金や銅でつくった SRR を用いたメタマテリアルでは，中赤外領域までしか負の透磁率を実現することができないことがわかります．銀は 3 つの金属の中では 100 THz を越える最も高い周波数まで負の透磁率を実現できますが，それでも周波数が約 500 THz（緑～青色あたり）を超えると負の透磁率は実現できなくなることがわかります．

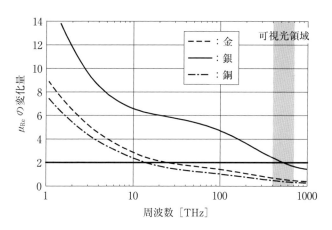

図 2.13　透磁率の変化量の周波数依存性

2.11　光で動作する SRR を得るために

　図 2.13 をもう少し詳しく見ると，どの金属についても，1～10 THz の周波数領域で一度急激に μ_{Re} の変化量が減少し，10～100 THz の周波数領域でいったんその減少は落ち着くものの，100 THz 以上の周波数領域でさらにもう一度減少に転じるといった様子が読み取れます．10 THz 付近までの急激な減少は，図 2.12 に示した金属リングの表面抵抗率 R_s の増加，すなわちオーミックロスの増加が主な原因であり，これは本質的に避けることができません．その後 μ_{Re} の変化量の減少が落ち着くのは，R_s が 100 THz 付近で一定値になるからです．さらに周波数が上がって 100 THz 以上の領域で，もう一度減少するのは，内部インピーダンス Z_s の虚数部である X_s の効果によるものです．

　詳しい説明は本書の範囲を越えますので専門書に譲りますが，X_s の値が負の方向に増大すると（図 2.12 を見てください），SRR の共振周波数が C と L とで決まる値（式 2.1）よりも低下します．この効果は 100 THz 以上の周波数領域において特に顕著になります．そこで共振周波数を高い値に留めるためにより小さな C と L を求めて SRR 構造を小さくしていくと，今度は共振器の Q 値が低下してしまいます．また，

$$i\frac{Z(\omega)\omega}{L} \propto \frac{2\pi r}{w}\frac{(iR_s - X_s)}{L}\omega \tag{2.7}$$

の項が式の分母にあるので，L が小さくなるということは，X_s の影響をさらに助長してしまうことにもなります[30]．そもそも SRR のリング部は，インダクタンス成分であると同時に入射磁場を受信するアンテナの機能をあわせ持っていますから，リング部を小さくしてしまうとアンテナの機能が低下して磁気応答も減少することが直感的に理解できると思います．そのため，単純に C と L を小さくするのではなく，L を小さくしないようにある程度の値で留めて X_s の影響を抑制し，C のみを小さくして共振周波数を高める必要があります．これが光メタマテリアルに特有の設計指針です．

2.11 光で動作する SRR を得るために

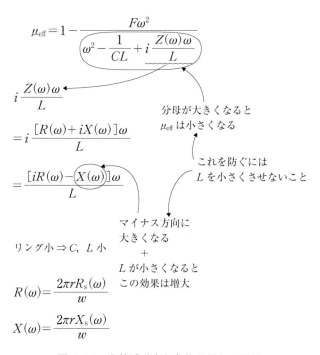

図 2.14 実効透磁率と各物理量との関係
w は SRR の線幅.

2.12　光で動作する1重リングSRR

　前節で述べたように，筆者らは，「100 THz以上の周波数領域において十分な磁気応答を実現するためには，SRRのLをある程度大きな値に保ちつつCのみを小さくすることが重要である」と結論しました[29]．そして，これを実現する具体的な方法の1つとして，2重のリング部をリング1つ（1重リング）に置き換え，このリング部を複数に分割した形状のSRRを利用することを提案しました．

　図2.15は，この1重リングSRRの形状を示しています．これまでの2重リングから1重リングへと変更することで，リング間に存在していたキャパシタンス（容量成分）がなくなり，代わりに1重リングに設けた分割部分が主要なキャパシタンス成分となります．このように金属リング上に複数の分割を設けてキャパシタンスを構成した場合は，それらは直列に接続されたキャパシタンスとして動作するので，分割数を増やせばSRR全体のキャパシタンスを小さくすることができます．例えば図2.15(a)のSRRのキャパシタンスをCとすると，(b)，(c)のSRRのキャパシタンスはそれぞれ$1/2C$，$1/4C$となります．

　一方，インダクタンス成分であるLは主にリングの径によって決まるので，1重リングの径を2重リングSRRのそれと同じにしておけば，Lの値はほぼ一定に保つことができます．

　図2.16は，銀でできた4分割1重リングSRRのμ_{Re}の変化量の周波数依存性です．この図には比較のために，図2.13に示した銀製の2重リングSRRのμ_{Re}の変化量もあわせて示します．両者を比較すると，100 THz以上の周波数領域において明らかに4分割1重リングSRRを用いたほうが2重リングに比べて大きな磁気応答を示しています．例えば可視光領域全域を含む紫外域までの広い周波数領域において透磁率の変化量が2.0を上回っていますので，可視光領域でも負の透磁率が実現できていることがわかります．また金や銅についても，4分割1重リングSRRを用いることで，それぞれ約450 THz（波長670 nm，赤色），300 THz（波長1 μm，近赤外）までの周波数領域において負の透磁率が実現できることが明らかになっており，赤外光のような長波長領域に限れば，目的とする動作周波数に合わせて材料を選択することもできます．

2.12 光で動作する1重リングSRR　　53

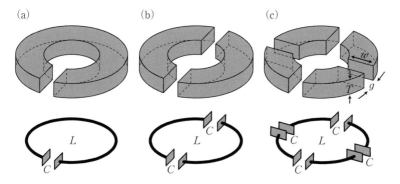

図 2.15　1重リングSRRの形状

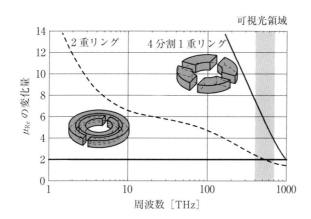

図 2.16　2重リングSRRと4分割1重リングSRRの透磁率変化量の比較

2.13 光メタマテリアルのための共振器素子

　これまでの議論を総括して，各周波数領域における SRR の設計方針とその特性をまとめたものが表 2.1 です．100 THz 以下の赤外光の周波数領域では，低い共振周波数を実現しながら表面抵抗率 R_s を抑えるために，大きな C と線幅の広いリングを備えた共振器構造が適切です．もちろんマイクロ波用の SRR もこの領域に入ります．この条件を満足する共振器構造の1つは，Pendry が提案した2重リング SRR そのものです．この周波数領域では内部リアクタンス X_s の影響はまだ小さいため，共振周波数は SRR 構造の C と L の値だけで決まり，式 2.1 に従って変化します．また，この周波数領域において，周波数が増加するにつれて磁気応答が減少する要因は，主に 10 THz 付近までの R_s（オーミックロス）の増加です．だからオーミックロスを少なくするために，SRR の線幅を広くしたほうがよいのです．特にマイクロ波なら波長が長い分 SRR も大きくできますから，線幅を広くする余地は十分にあります．

　一方，光波の周波数が 100 THz を超えると，高い共振周波数と十分な磁気応答（高い Q 値）を実現するためには，小さな C と大きな L を備えた共振器構造が望ましく，これらを実現する構造として1重リング SRR を用いるのが適切です．この周波数領域では X_s の影響が大きくなり，実際に得られる共振周波数は SRR の構造で決まる値（式 2.1 で与えられる値）よりも低くなり，C と L の値に対して非線形に変化します．また，この周波数領域における磁気応答の減少は主に，SRR 構造の縮小に伴う L の減少に起因するので，SRR の設計次第である程度の改善が期待できます．ここがメタマテリアル構造の設計における腕の見せどころです．

　これまでの議論から，SRR 構造の L については，高い共振周波数を実現するには小さい値が望ましいものの，大きな磁気応答を得るには大きな値が望ましいというトレードオフの関係があります．そのため，実際の設計においては，目的とする動作周波数に対してどれくらいの磁気応答が必要なのかを見きわめたうえで，L の値をはじめとする共振器構造の各パラメータを設計していくことが重要となります．また，L の値はリングで囲まれる面積に比例するた

め，SRR 構造を小さくするにつれて，大きな値を実現することがますます困難になります．この問題を解決する方法としては，SRR 構造の z 方向の積層間隔を小さくすることで SRR 間の大きな相互インダクタンスを得る手法が提案されています．しかしこの場合，SRR 同士の空間が新たなキャパシタンスとして働き，C を下げるという目的を阻害することがあるので注意が必要です．

表 2.1 SRR の設計指針

周波数領域	～100 THz	100 THz～
必要な金属共振器構造		
構造の条件	大きな C と広い幅のリング	小さな C と大きな L
共振周波数	構造だけで決まり線形 $f_0 = \dfrac{1}{2\pi\sqrt{CL}}$	構造で決まる共振周波数よりも低くなる
磁気応答の減少の原因	金属リングのオーミックロスの増加	スケーリングに伴う L の減少

2.14 メタマテリアルの数値計算方法 —FDTD法

最後に,メタマテリアルを設計する際によく活用されるコンピューターを用いた数値計算手法の中から代表的なものをいくつか紹介します.

1つめの手法は,有限時間差分領域(Finite-Difference Time-Domain: FDTD)法です.これは,第1章で紹介したマクスウェルの方程式を差分方程式に変換して,直接計算する手法です[31].空間を図2.17のようなメッシュに分割して,各点に電場 E と磁場 B のそれぞれの3つの要素,すなわち $(E_x, E_y, E_z), (H_x, H_y, H_z)$ を交互に配置します.光が z 方向に伝播する場合,マクスウェルの方程式

$$\text{rot}\,E = -\frac{\partial B}{\partial t} = -\mu \frac{\partial H}{\partial t} \tag{2.8}$$

の左辺の rot E は E の差分で与えられ,例えば rot E の z 成分は $(E_y^{(i+1,j+1/2,k)} - E_y^{(i,j+1/2,k)} + E_x^{(i+1/2,j,k)} - E_x^{(i+1/2,j+1,k)})$ となります.また,右辺は時間 t における磁場 H_z とそこから Δt だけ経った時刻の磁場 H_z との差になります.

これらをまとめると,

$$H_z^{(i+1/2,j+1/2,k)}(t+\Delta t) = H_z^{(i+1/2,j+1/2,k)}(t) - (\Delta t/\mu)[E_y^{(i+1,j+1/2,k)} \\ - E_y^{(i,j+1/2,k)} + E_x^{(i+1/2,j,k)} - E_x^{(i+1/2,j+1,k)}] \tag{2.9}$$

となります.

同様の計算が,H_x,H_y にも適用できます.次に,さらに図2.17に示した領域からちょうど半周期分だけずらした空間を考えます.すると式2.9と同様に,E の Δt 秒後の値が H の差分から計算できます.例えば E_y は,

$$E_y^{(i,j+1/2,k)}(t+\Delta t) = E_y^{(i,j+1/2,k)}(t) + (\Delta t/\varepsilon)[H_x^{(i,j+1/2,k+1/2)} \\ - H_x^{(i,j+1/2,k-1/2)} + H_z^{(i-1/2,j,k)} - H_z^{(i+1/2,j,k)}] \tag{2.10}$$

で与えられます.

このような計算を全計算領域について行うと,Δt 後の電場と磁場が求まり

ます.これらを使ってさらに次の Δt 後の電場,磁場を計算するという操作をくり返すと,光が伝播していく様子がそのまま計算機の中で再現できます.これが FDTD 法です.

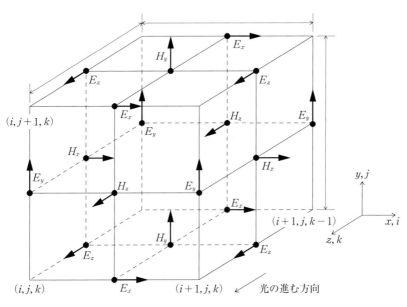

図 **2.17** FDTD 法の原理

2.15 メタマテリアルの数値計算方法
── その他

　厳密結合波理論（Rigorous Coupled-Wave Analysis：RCWA）は，周期的な構造と光波との相互作用を解析するのに有効な手法です．解析対象となる構造をいくつかの層に分割します．今 N 番目の層に着目すると，光は1つ上の $N-1$ 番目の層から入射してきます．その光が N 番目の層内を伝播した後，次の $N+1$ 番目の層との界面において，次の層へと透過する成分と界面で反射して戻ってくる光に分かれます．戻ってきた光は $N-1$ 番目の層へ入射光とは逆方向に伝播します．このときに $N-1$ 番目と N 番目の層の境界で反射して再度 N 番目の層に戻る光と，$N-1$ 番目の層へ戻っていく光に分かれます．さらに，その層内に構造があると，光波とこの構造との相互作用によって回折光が生じ，それぞれの回折光について上記のような多重の反射と透過が起こります．このような過程を経て最終的にその層内に存在する光波は，すべての回折光の重ね合わせで表現できます．必要なのはそれぞれの成分がどれくらいの割合で入っているかという係数になります．この係数を決めるのは，各々の界面における境界条件です．電場 E と磁場 H はその境界に平行な成分が連続でなければならず，また電束密度 D と磁束密度 B はその境界に垂直な成分が連続になるという条件があります．これらの境界条件を用いて，各層内の光波の成分の係数を求めるのがRCWA法です［32］．

　RCWA法は回折格子など周期的な構造を持つ物体の光学特性を計算する際には非常に精度の高い解を与えてくれますが，計算時にどこまでの高次回折光を計算しておくかでその精度は大きく変化します．特にメタマテリアルでは，その構造が光の波長よりも細かいので，内部では非常に高い次数の回折光が発生します．そのため100次を越えるような高次の回折光までを考慮しなければ解が収束しないこともあります．すだれのような一方向のみに構造があるモデルならよいのですが，x, y 方向に形があるような3次元構造の場合は，それぞれの方向の回折光を考えないといけないので，100×100 次元のメモリを用意しなければならず，現在のコンピューターにとっても計算が困難になることがあります．

2.15 メタマテリアルの数値計算方法—その他

　有限要素法（Finite Element Method：FEM）も頻繁に利用されるアルゴリズムです．この方法は，電磁場の解析のみならず，力学，流体問題などさまざまな解析に適用できる手法で，基本的には偏微分方程式を一定の条件のもとに解くための手段です．一般的には，計算モデルを小さな三角形の要素に分割して，各要素ごとの解を基底関数の重ね合わせとして表現します．詳細は本が何冊も書ける内容を含みますので，専門書を参照ください．FEM の課題は，モデルを N 点の要素に分割したとすると $N \times N$ の行列式を解く必要があるので，要素の数が増えると必要とされるコンピューターのメモリ量が急激に増加することです．この問題を解決するために，行列式の要素ができるだけ 0 になるように工夫して必要とされるメモリ量を抑えることで，計算速度を稼ぐ最適化法が数多く提案されています．最近では，コンピューターの能力も格段に上がって利用できるメモリ量も大きくなりましたが，それでもまだ大規模なモデルを自由自在に計算できるわけではありません．

　これ以外にも境界要素法や離散双極子近似法などさまざまな手法が開発されています．さらに FDTD 法のところでも述べましたが，コンピューターのメモリは有限なので，計算モデルのサイズも有限になってモデルには必ず「端」が存在します．このモデルの端は実際の実験系には存在しないことが多く，何も処理をしないと，モデルの端から本体は存在しないはずの反射光や散乱光が発生します．そこで，このモデルの端における光の振る舞いをどう取り扱うかが数値計算における重要なポイントになります．例えば，モデルの周囲に光を吸収する仮想的な吸収物質を配置して境界に達した光を吸収させることで余計な光の発生を防ぐ「吸収境界条件」などが利用されています．また，モデルが周期的な構造を持つ場合は，同じ構造が無限にくり返されていると仮定することで，端の問題を回避する「周期境界条件」が使われることもあります．重要なポイントは，万能な手法は未だ存在せず，どの方法にも一長一短があることです．そのため，1) 計算対象を見きわめて適切な手法を選択することと，2) 1つの手法の結果だけをうのみにするのではなく必ず異なるアルゴリズムの計算結果との比較を行うことが重要です．

参考文献

[1] J. B. Pendry, A. Holden, D. Robbins, and W. Stewart, "Magnetism from Conductors and Enhanced Nonlinear Phenomena," IEEE Trans. Microwave Theory Tech. **47**, 2075 (1999).
[2] V. G. Veselago, "Electrodynamics of substances with simultaneously negative values of ε and μ," Sov. Phys. Ups. **10**, 509 (1968).
[3] J. B. Pendry, "Extremely Low Frequency Plasmons in Metallic Mesostructures," Phys. Rev. Lett. **76**, 4773 (1996).
[4] D. R. Smith, Willie J. Padilla, D. C. Vier, S. C. Nemat-Nasser, and S. Schultz, "Composite Medium with Simultaneously Negative Permeability and Permittivity," Phys. Rev. Lett. **84**, 4184 (2000).
[5] T. Weiland, R. Schuhmann, R. B. Greegor, C. G. Parazzoli, A. M. Vetter, D. R. Smith, D. C. Vier, and S. Schultz, "Ab initio numerical simulation of left-handed metamaterials: Comparison of calculations and experiments," J. Appl. Phys. **90**, 5419 (2001).
[6] R. A. Shelby, D. R. Smith, and S. Schultz, "Experimental Verification of a Negative Index of Refraction," Science **292**, 77 (2001).
[7] C. G. Parazzoli, R. B. Greegor, K. Li, B. E. C. Koltenbah, and M. Tanielian, "Experimental Verification and Simulation of Negative Index of Refraction Using Snell's Law," Phys. Rev. Lett. **90**, 107401 (2003).
[8] Andrew A. Houck, Jeffrey B. Brock, and Isaac L. Chuang, "Experimental Observations of a Left-Handed Material That Obeys Snell's Law," Phys. Rev. Lett. **90**, 137401 (2003).
[9] D. R. Smith, J. B. Pendry, and M. C. K. Wiltshire, "Metamaterials and Negative Refractive Index," Science **305**, 788 (2004).
[10] J. B. Pendry and D. R. Smith, "Reversing light with negative refraction," Physics Today **57**, 37 (2004).
[11] L. D. Landau, L. P. Pitaevskii, and E. M. Lifshitz, "Electrodynamics of Continuous Media," 2nd ed. Chap. 79, Pergamon, Oxford University Press (1984).
[12] 田中,「プラズモニック・メタマテリアルとその応用」応用物理 **75**, 1476 (2006).
[13] S. O'Brien and J. B. Pendry, "Magnetic activity at infrared frequencies in structured metallic photonic crystals," J. Phys.: Condens. Matter **14**, 6383 (2002).
[14] S. O'Brien, D. McPeake, S. A. Ramakrishna, and J. B. Pendry, "Near-infrared photonic band gaps and nonlinear effects in negative magnetic metamaterials," Phys. Rev. B **69**, 241101 (2004).
[15] A. Ishikawa, T. Tanaka, and S. Kawata, "Negative Magnetic Permeability in the Visible Light Region," Phys. Rev. Lett. **95**, 237401 (2005).
[16] T. J. Yen, W. J. Padilla, N. Fang, D. C. Vier, D. R. Smith, J. B. Pendry, D. N. Basov, and X. Zhang, "Terahertz Magnetic Response from Artificial Materials," Science **303**, 1494 (2004).
[17] N. Katsarakis, G. Konstantinidis, A. Kostopoulos, R. S. Penciu, T. F. Gundogdu, Th. Koschny, and C. M. Soukoulis, "Magnetic response of split-ring resonators in the far-infrared frequency regime," Opt. Lett. **30**, 1348 (2005).
[18] S. Zhang, W. Fan, B. K. Minhas, A. Frauenglass, K. J. Malloy, and S. R. J. Brueck,

"Midinfrared Resonant Magnetic Nanostructures Exhibiting a Negative Permeability," Phys. Rev. Lett. **94**, 037402 (2005).

[19] S. Linden, C. Enkrich, M. Wegener, J. Zhou, T. Koschny, and C. M. Soukoulis, "Magnetic Response of Metamaterials at 100 Terahertz," Science **306**, 1351 (2004).

[20] C. Enkrich, F. Pérez-Willard, D. Gerthsen, J. Zhou, T. Koschny, C. M. Soukoulis, M. Wegener, and S. Linden, "Focused-Ion-Beam Nanofabrication of Near-Infrared Magnetic Metamaterials," Adv. Mater. **17**, 2547 (2005).

[21] C. Enkrich, M. Wegener, S. Linden, S. Burger, L. Zschiedrich, F. Schmidt, J. F. Zhou, Th. Koschny, and C. M. Soukoulis, "Magnetic Metamaterials at Telecommunication and Visible Frequencies," Phys. Rev. Lett. **95**, 203901 (2005).

[22] C. M. Soukoulis, S. Linden, and M. Wegener, "Negative Refractive Index at Optical Wavelengths," Science **315**, 47 (2007).

[23] T. Tanaka, A. Ishikawa, and S. Kawata, "Unattenuated light transmission through the interface between two materials with different indices of refraction using magnetic metamaterials," Phys. Rev. B **73**, 125423 (2006).

[24] J. B. Pendry, D. Schurig, and D. R. Smith, "Controlling Electromagnetic Fields," Science **312**, 1780 (2006).

[25] D. Schurig, J. J. Mock, B. J. Justice, S. A. Cummer, J. B. Pendry, A. F. Starr, and D. R. Smith, "Metamaterial Electromagnetic Cloak at Microwave Frequencies," Science **314**, 977 (2006).

[26] M. Born, E. Wolf 著, 草川徹 訳, 『光学の原理Ⅲ』, 第7版, (東海大学出版会, 2006年).

[27] P. B. Johnson and R. W. Christy, "Optical Constants of the Noble Metals," Phys. Rev. B **6**, 4370 (1972).

[28] S. Ramo, John R. Whinnery, and Theodore Van Duzer, "Fields and Waves in Communication Electronics," 3rd ed. John Wiley&Sons, NewYork, p. 149 (1993).

[29] A. Ishikawa, T. Tanaka, and S. Kawata, "Frequency dependence of the magnetic response of split-ring resonators," J. Opt. Soc. Am. B **24**, 510 (2007).

[30] J. Zhou, Th. Koschny, M. Kafesaki, E. N. Economou, J. B. Pendry, and C. M. Soukoulis, "Saturation of the Magnetic Response of Split-Ring Resonators at Optical Frequencies," Phys. Rev. Lett. **95** 223902 (2005).

[31] Y. S. Yee, "Numerical solution of initial boundary value problems involving Maxwell's equations in isotropic media," IEEE Trans. Antenn. Propag. **AP-14**, 302 (1966).

[32] M. G. Moharam and T. K. Gaylord, "Rigorous coupled-wave analysis of planar-grating diffraction," J. Opt. Soc. Am. **71**, 811 (1981).

第3章

光メタマテリアルの加工技術

　第2章で述べたように，これまでの理論解析などを通して，私たちは光メタマテリアルを実現するために，どんな材料を使って，何をつくればよいかを明らかにしてきました．本章では，光メタマテリアルを実現するために利用されている加工技術について述べたいと思います．加工技術を議論するうえでのポイントは2つです．1つは，メタマテリアルが必要とする「光の波長よりも細かな構造」をどうやってつくるか，そしてもう1つは，立体的なメタマテリアルを得るために必要となる3次元的な極微細構造をどうやってつくるかです．3次元構造の必要性については，後ほど詳しく述べることとします．

3.1 光リソグラフィ法

リソグラフィは，英語では"lithography"と書きます．lithoとは石を意味します．graphyとはグラフ（graph）と同じ語源で「記録したもの」という意味を持ち，lithographyとはもともとは石版印刷を指す言葉です．今日では，何らかの手法で基板そのものか，もしくは基板の上に塗布した物質を削って（溶かして）取り去ることで，パターンを作製する手法を指します．リソグラフィ法は，コンピューターの半導体集積回路などをつくるのに欠かすことのできない技術です．このリソグラフィ法の中で光を使ったものが，「光リソグラフィ（photolithography）法」です．

図3.1は，光リソグラフィ法の一般的な手順を示したものです．まずパターンを加工する基板の表面に「フォトレジスト」もしくは単に「レジスト」と呼ぶ感光性物質を薄く塗布します〔図3.1(a)〕．その後基板を加熱してレジストを固化します．これをプリベークと言います．レジストの塗布が終わった基板に光を照射してパターンを露光します〔図3.1(b)〕．レジストには，光が照射された部分が現像時に溶解するポジ型レジストと，露光された部分が硬化するネガ型レジストがあります．最近の光リソグラフィではポジ型レジストが主流になっており，図3.1もポジ型レジストを用いた場合の説明図です．また，レジストを基板に塗布する際は，レジスト溶液を基板に噴霧する「スプレー法」や，基板を高速に回転させて遠心力でレジスト溶液を基板表面に均一にコートする「スピンコート法」などが利用されます．重要なのは，基板表面に均質な膜厚のレジスト膜を形成することです．

露光が終わったレジスト基板を現像液に浸して現像すると，露光したパターンどおりの形にレジスト膜がパターニングされます〔図3.1(c)〕．その後もう一度基板を加熱してレジスト膜の乾燥と固定を行います．これがポストベークです．このレジストパターンが形成された基板を基板材料を溶かすエッチング液に浸すと，レジスト膜に覆われていない部分の基板表面だけエッチングが進み，露光したパターンどおりに基板がエッチングされます〔図3.1(d)〕．最後に，不要となったレジスト膜を除去します〔図3.1(e)〕．なお，精度の高いエッチングを行うには，レジスト膜と基板とが密着していなければなりません．レ

ジストと基板との密着性が悪い場合はレジスト膜をコートする前に基板表面に密着性を高めるためのプライマーを塗布することもあります．

　図3.1のように基板そのものを加工するのではなく，基板表面に別の物質の薄膜を作製しておいて，その薄膜に対して同様の操作を行えば特定の薄膜パターンを基板表面につくることもできます．半導体回路表面の金属配線パターンなどはその代表例です．

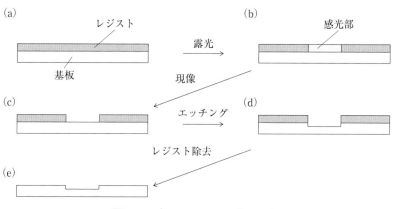

図 3.1　光リソグラフィ法の工程

3.2 光リソグラフィ法の露光手法

光リソグラフィ法におけるパターンの露光手法のいくつかを図3.2に示します．1つめの手法は，あらかじめ用意した回路パターンのマスク（フォトマスクとも言う）をレジスト膜に直接被せて上から光を照射する密着露光法〔図3.2(a)〕です．原理は子どもの頃に遊んだ日光写真と同じで，用意したマスクのパターンがそのままのサイズで転写されます．マスクとレジスト膜との密着が悪いと，光の回折によってパターンがぼやけてしまうのでレジスト膜表面の凹凸や傷，ほこりの混入，さらにはマスクとレジスト膜との間に薄い空気の層などが入らないように注意が必要です．また，マスクをレジスト膜に物理的に押しつけるので，マスクに傷やほこりがついたりして消耗するという問題があります．

図3.2(b)は，パターンをレンズ光学系を用いてレジスト膜に縮小投影して露光する手法です．レンズの倍率分だけパターンが縮小されるので，非常に細かなパターンを露光したい場合に有効です．ただ，光学系の収差などで像がぼけたり像面が歪むことがあるので，精度の高い光学系が必要になります．半導体素子などはほとんどのこの縮小投影法によって加工されています．半導体素子用の専用露光装置では，1枚のシリコン基板表面に多数の素子パターンをステップ＆リピートで転写していくので，「ステッパ」と呼ばれます．

最近では，図3.2(c)に示すようにレーザー光をレンズで集光してそれをコンピューター制御でレジスト表面上で走査したり，PCプロジェクターのようにコンピューターからの信号に応じて2次元的な光パターンを直接生成する素子を用いてレジスト膜上に直接露光パターンを照射する「直接描画法」も利用されます．この手法では，あらかじめマスクを準備する必要がないので，パターンの変更や多品種少量生産に柔軟に対応できるといったメリットがあります．

光リソグラフィの発展の歴史は，そのまま半導体素子の発展の歴史でもあります．光リソグラフィで加工できるパターンの最小線幅が細くなるにつれて半導体素子の集積度も上がり，今ではインフルエンザウイルスよりも小さい線幅32 nmの集積回路が作製されています．32 nmという線幅はちょうど可視光の

3.2 光リソグラフィ法の露光手法　　67

波長の 1/25〜1/10 程度に相当します．光メタマテリアルが必要とする極微細パターンは，最先端の光リソグラフィ装置なら作製可能な範囲に入ってきたことになります．

　このように細かなパターンを露光するには波長の短い光を使う必要があります．今日では光リソグラフィと言っても私たちの目に見える可視光は使われておらず，そのほとんどは紫外光で，高圧水銀灯の i 線（波長 365 nm），KrF エキシマレーザー（波長 248 nm），ArF エキシマレーザー（波長 193 nm）が主に使われています．

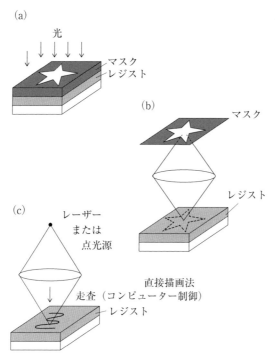

図 3.2　光リソグラフィ法の各種露光手法

3.3 電子線リソグラフィ法

光リソグラフィ法が光を使ったリソグラフィ技術だとすれば，電子線リソグラフィ（electron beam lithography）法は電子線を用いたリソグラフィ技術です．基本的な違いはこれだけですが，装置としてはかなり趣が異なります．電子線リソグラフィ装置の一例を図3.3に示します．

電子線は大気中で照射することができないため，電子線リソグラフィでは真空のチャンバー内で露光（電子線照射）を行います．電子線リソグラフィで用いられるレジストにもポジ型とネガ型がありますが，筆者が知る限りではもっぱらポジ型レジストが用いられているようです．電子線を照射するにはレジスト膜や基板が導電性でなければいけませんが，一般的なレジストは樹脂なので導電性がありません[*1]．ガラス基板を用いる場合など，基板にも導電性がない場合は，レジスト膜の表面に導電性を確保するための導電性材料を薄く塗布します．

電子線リソグラフィで用いる電子線は光と比較して波長が短いので，数nmの極微細なパターンを露光できます．これが電子線リソグラフィ法の最大の特徴です．図3.4は，この方法で加工したパターンの一例で，一辺50nmの四角パターンの周期構造です．四角形の角まできちんとパターニングされていることからも数nmレベルの加工分解能が確認できます．電子線リソグラフィ装置のほとんどは，電子レンズで集光した電子ビームをレジスト膜上で走査することでパターンを露光する直接描画法を採用しています．きわめて小さな領域に絞り込んだ電子ビームを走査してパターンを描くため，複雑で微細なパターンを描画することが可能です．その代わり大きな面積を持つパターンを描くには，必要な領域を塗りつぶすのに長い時間がかかるという短所があります．加工時間は描画するパターンとその面積に大きく依存しますが，たかだか数mm角もしくは数cm角のパターンを露光するために数日間ぶっ通しで描画を行うということも珍しくありません．この問題を解決する手段の1つとして，絵を

---

*1：導電性がないと電荷が基板などにたまります．これをチャージアップと言います．チャージアップが起こるとその電荷によって電子ビームが曲げられて加工精度が落ちるなどなどの不都合が起こります．

3.3 電子線リソグラフィ法　69

描くときに細い筆と太い筆を使い分けるように，大容量の電源を搭載し，電子ビームのサイズを変化させて大きな面積のパターンを高速に露光できる装置も開発されています．

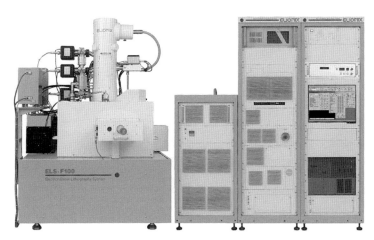

図 3.3　電子線リソグラフィ装置
株式会社　エリオニクス　提供．

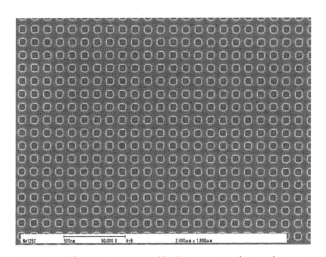

図 3.4　電子線リソグラフィで描画した 50 nm 角の四角パターン
株式会社　エリオニクス　提供．

3.4 ナノインプリント法

　ナノインプリント（nanoimprinting）法とは，簡単に言えば極微細の「判子」です．作製したい構造（パターン）の凹凸形状をつくり込んだ鋳型を用意します．これを「モールド」と呼びます．このモールドを被加工材料の表面に押しつけてパターンを転写するのがナノインプリント法です．ナノインプリント法にはさまざまな種類がありますが，その代表は，「熱インプリント法」と「光インプリント法」です．

　図 3.5 は，熱インプリント法のプロセスを示したものです．モールドは，先に述べた光リソグラフィ法や電子線リソグラフィ法を利用してつくります．シリコンや金属，ガラスなどの基板表面にパターン転写し，エッチングなどの手法を用いてパターンに応じた凹凸をつくってモールドとします．一方，被加工物には，熱可塑性の樹脂などを利用します．この材料をガラス転移点以上の温度に加熱して材料を軟化させます．そしてモールドを適切な圧力で材料に押しつけます．この状態で材料の温度を下げていき，材料が硬化してからモールドを引き剥がすと，モールドの凹凸パターンとちょうど相補的なパターンが材料側に転写されます．

　光インプリント法の工程もほぼ同じです．光インプリント法では熱可塑性の樹脂の代わりに，紫外光を照射すると硬化する紫外線硬化樹脂を用います．適当な基板の上に紫外線硬化樹脂を塗布します．硬化前の紫外線硬化樹脂は適度な粘度のある液体です．この紫外線硬化樹脂にモールドを押しつけて，モールドの凹凸構造に紫外線硬化樹脂が密着するようにします．この状態で材料に紫外光を照射して樹脂を硬化させます．樹脂が十分に硬化したらモールドを引き剥がします．光インプリント法では，紫外光照射を行うために，モールドもしくは基板の少なくとも一方は，紫外光を透過させる透明な材料でできている必要があります．

　ナノインプリント法では，モールドをきちんと設計するとナノメートルスケールの凹凸構造を転写することができます．モールドはくり返し使用することができるので，一度作製したナノパターンを複製するのに有効な手段です．ただし，モールドを加工材料から分離する際に材料とモールドがうまく剥がれ

ないといった問題が起こるので，モールドの表面に離型剤を塗布するなどさまざまなノウハウの蓄積が必要です．

なお，転写した樹脂パターンをリソグラフィ法のレジスト膜のように利用することも可能です．この場合には，図3.6に示すような残渣膜の存在が問題になります．ナノインプリント法でこの残渣膜を完全に0にすることは困難なため，ナノインプリント後にこの残渣膜を除去する工程（エッチング法など）が必要になることもあります．

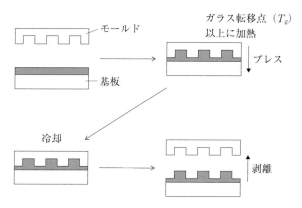

図 3.5 熱ナノインプリント法のプロセス

図 3.6 ナノインプリント法における残渣膜

3.5 リフトオフ法

リソグラフィ法におけるエッチングプロセスでは,レジスト膜を被加工材料を保護する膜として利用します.「レジスト」という名前もエッチングプロセスに耐えて基板材料を保護するという意味からつけられたものです.一方,エッチングとは異なる目的にレジスト膜を利用してパターンを作製する手法に「リフトオフ (lift-off) 法」があります.

リフトオフ法の工程を図3.7に示します.エッチング法を用いる場合は,被加工材料はレジスト膜の下にあらかじめ準備しておきますが,リフトオフ法では順番が異なります.基板表面にレジストを塗布した後,リソグラフィ法などを用いてレジスト膜をパターニングします.次に,レジスト膜の上から被加工材料を塗布します.材料の塗布方法にはさまざまなものがありますが,後の工程を見ればわかるように,レジスト膜の凹凸構造に対して均一に材料を塗布するのではなく,凸部の上面と凹部の底面のみ,すなわちレジスト膜の側壁部に材料がつかないような手段を用いる必要があります.

よく利用されるのは真空蒸着法やスパッタリング法(後述)などです.その後,材料が塗布された状態の基板をレジストの剥離液に浸してレジストパターンを除去します.すると,レジスト膜上に塗布されていた材料がレジストと一緒に剥離され,レジスト膜の凹部すなわち下地の基板に直接塗布されていた材料のみが基板上に残りのパターンが形成されます.これがリフトオフ法です.

エッチング法では材料に応じてエッチング液(エッチャント:etchant)を選択する必要があるのに対して,リフトオフ法で溶解させるのはレジスト膜だけなので,パターニングする材料が変わってもプロセス(レジストのエッチング条件など)そのものは変えなくてよいというメリットがあります.

加工原理からも明らかなように,材料の膜厚がレジスト膜の高さよりも厚くなってレジスト膜を覆ってしまうとリフトオフ法が使えません〔図3.8(a)〕.実際のプロセスでは,材料の膜厚がレジスト膜の厚さの1/2を超えるとリフトオフは困難になってきます.また,レジストパターンの側面に材料が付着するとうまく加工できません.この問題は,特にレジストパターンが台形状になると顕著になります〔図3.8(b)〕.この問題を緩和するには,レジストパターン

3.5 リフトオフ法　73

が逆台形状になればよいので〔図3.8(c)〕，リソグラフィ工程において2種類のレジストを積層しておき，片側（基板に近い側）のレジストが上層のレジストに比べて露光や溶解されやすいものにすることで，わざと逆台形状の壁面をつくる手法も利用されます〔図3.8(d)〕．

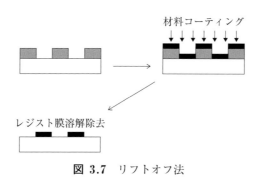

図 3.7　リフトオフ法

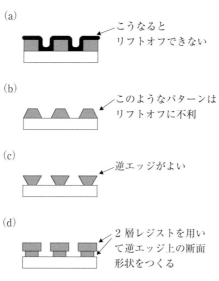

図 3.8　リフトオフ法の弱点と逆テーパレジスト

3.6　真空蒸着法

　真空蒸着法は，物質を加熱して蒸発させて，基板などの表面をその蒸気に暴露させ堆積させることで薄膜をつくる手法です．さまざまな光学部品の表面に施されているコーティング膜の作製など非常に幅広い分野で利用されている成膜手法の1つです．成膜する材料は金属や酸化物などの無機物に加え，色素などの有機物にも適用できます．メタマテリアルの加工にも欠かせない手法です．

　一般に物質を蒸発させるには高温に加熱する必要があります．このとき物質の周囲に酸素などがあると物質が酸化されてしまいます．また，酸素に限らず気体の分子があると物質の蒸気が分子にぶつかって散乱されるので，うまく成膜できません．そのため蒸着は真空中で行います．真空蒸着法の名前もここに由来します．蒸着材料を蒸発させるにはさまざまな方法があります．タングステンやモリブデンなど高い融点を持つ物質でボートやバスケットをつくり，それに電流を流して発生するジュール熱で材料を加熱して融解・蒸発させる方法や，材料に電子ビームを照射して蒸発させる方法に加え，最近ではレーザーを照射して蒸発させる方法なども利用されています．図3.9は，我々が使用している電子ビーム真空蒸着装置です．

　蒸着を行う際の真空度は，蒸着物質によって変化します．低真空度で蒸着できる物質であれば，ロータリーポンプのみで真空引きを行うこともありますが，高真空が必要な場合は，油拡散ポンプやターボ分子ポンプなどをロータリーポンプに直列に接続して高い真空度を実現します．油拡散ポンプやターボ分子ポンプは，真空度がある程度上がらないと使用できないので，まずはロータリーポンプで真空引きを行ってからこれらの高真空用ポンプにバトンタッチします．以前はロータリーポンプと高真空ポンプとの切り替えは手動で行っていましたが，最近は安価な装置でも自動で制御されるものが増えています．

　真空度を測定する真空計はさまざまなものがありますが，それぞれ得意とする真空度の範囲があります．大気圧から高真空のすべてをカバーする万能なものは存在しないので，複数の真空計を組み合わせて利用することがほとんどです．

真空蒸着法では，物質の付着状態を適切に測定することにより高い精度で膜厚を制御することが可能です．この膜厚の測定には，水晶振動子を利用した膜厚計などがよく利用されます．

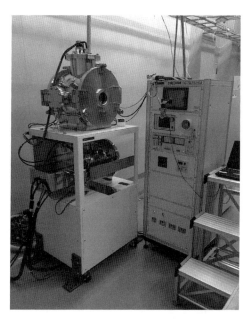

図 3.9 電子ビーム真空蒸着装置

3.7 スパッタリング法

　真空蒸着法と同様に真空環境下で材料を成膜する手段としてスパッタリング（sputtering）法があります．スパッタリング法では材料（これをターゲットと呼びます）の近くでアルゴンなどの気体のプラズマをつくります．プラズマ化した原子や分子がターゲット材料にぶつかると，その表面から物質が削り取られてクラスターとなって飛散します．この状態で基板などをターゲットと対向させて配置しておくと，飛散した物質が基板表面に付着して薄膜が形成されます．こう書くと難しそうな手法に感じるかもしれませんが，スパッタリング現象そのものは家庭にある蛍光灯管の中でも起こっています．蛍光灯を長く使っていると両端の電極付近が黒ずんでくることをご存知でしょう．これは蛍光灯管の電極がプラズマによってスパッタリングされ，電極付近のガラス管に堆積して黒く見えているのです．

　スパッタリング法にはDCスパッタ，RFスパッタ，マグネトロンスパッタ，ヘリコンスパッタ，イオンビームスパッタなどいくつかの種類とそれらを組み合わせた手法があります．成膜したい材料に応じて適切な手法を選択することが必要です．

　スパッタリング法は，メタマテリアルの加工では真空蒸着法と並んでよく利用される手法です．特に，金や銀などの金属薄膜の成膜ではよく使われます．どちらが有利かは研究者ごとに意見が異なるようで，真空蒸着法がよいという研究者もいれば，スパッタリング法がよいという研究者もいます．メタマテリアルとしては，作製される膜の表面がスムーズで粒状感がないほうが適切です．このあたりは装置ごとの特性によって大きく違いが出るため意見が分かれているのだと思います．

　図3.10は筆者の研究室で使用しているスパッタリング装置で，DCマグネトロンスパッタとRFマグネトロンスパッタの両方を行うことができます．

　スパッタリング装置は，非常に簡便なものから高真空で精密に制御されたものまで幅広いスペックの装置があります．簡便な装置は，電子顕微鏡で非導電性試料を観察する際に電気伝導を確保するための表面コーティングなどに利用されることもあります．

成膜とは反対に，本来ターゲットをセットする場所に試料をセットしたり，印加する加速電界を逆向きにして，プラズマ化した原子・分子を試料に当てることで試料の一部を削ることもできます．これは逆スパッタリング法と呼ばれます．

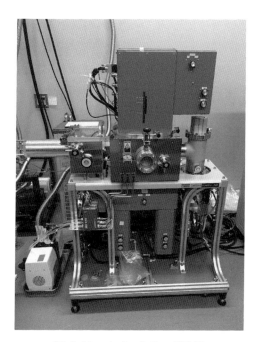

図 3.10 スパッタリング装置

3.8　反応性イオンエッチング法

　反応性イオンエッチング（Reactive Ion Etching：RIE）法とは，液体のエッチング液を使わないエッチング法である「ドライエッチング法」の一種です．反応室内にエッチングガスを導入し，これに電磁波を照射してプラズマ化します．試料をこのプラズマに暴露させると，イオンの衝突によるスパッタリングとエッチングガスと試料材料との化学反応の両方が同時に起きて，試料がエッチングされます．材料に応じたエッチングガスを選択することにより，特定の物質のみを選択的にエッチングすることが可能になります．また，試料が結晶などの場合は，その結晶方位に応じてエッチング速度が異なるという性質を利用して，異方的[*2]なエッチングを行うことも可能になります．

　誘導結合プラズマ（Inductively Coupled Plasma：ICP）を用いたRIE法では，高密度なプラズマをつくり出すことで，高い均一性と高いアスペクト比を持つ構造が加工できます．同様にアスペクト比の高い構造をつくる手法としてボッシュプロセス（Bosch process）という手法もあります．これもRIE法の一種です．ボッシュプロセスでは，SF_6ガスを用いた等方性エッチングと，C_4F_8ガスを用いた試料側壁へのテフロン保護膜の形成を交互に行うことにより，側壁を残しながら底面のみをエッチングすることで深い溝構造をつくり出す手法です．このようなアスペクト比が高い構造を加工する手法を「深掘りRIE」と呼ぶこともあります．

　表3.1にRIE法における被加工物質と使用するガスの種類の一例を示します．メタマテリアルの加工において特徴的なのは，光メタマテリアルでは金と銀がよく使われることです．金は化学的に安定なのであまり意識する必要はありませんが，銀はすぐに酸化される物質です．銀を使ったメタマテリアルの加工において酸素プラズマを使ったRIEを利用すると，せっかくの銀構造が酸化されてしまいます．そのため，酸素ではなくアルゴンなどの希ガスや，一度酸化された物質を還元するために水素ガスを利用することがあります．

　図3.11は，筆者の研究室で使用しているRIE装置の写真です．

---

*2：異方的とは，方向によって性質が異なるということです．反対語は「等方的」です．

3.8 反応性イオンエッチング法

表 3.1 RIE 法における被加工物質とガス

被加工材料	使用ガス
Si	CF_4, CF_4+O_2, CCl_2F_2, SF_6, $CF_6+C_4F_8$
Poly-Si	CF_4, CF_4+O_2, CF_6+O_2, CF_4+N_2
SiO_2	CF_4, CF_4+H_2, CHF_3, $C_2F_6+H_2$, CCl_2F_2
Si_3N_4	CF_4, CF_4+O_2
Mo	CF_4, CF_4+O_2
W	CF_4, CF_4+O_2
Au	$C_2Cl_2F_4$
Pt	CF_4+O_2, $C_2Cl_2F_4+O_2$
Ti	CF_4
Ta	CF_4
Cr	Cl_2, CCl_4, $C_2Cl_2F_4+Air$
Al	CCl_4, CCl_4+Ar, BCl_3
GaAs	CCl_2F_2

図 3.11 RIE 装置

3.9 化学気相成長法

化学気相成長（Chemical Vapor Deposition：CVD）法は，基板などの試料表面に材料の蒸気を吹きつけて化学反応によって成長・堆積させる成膜法で，広義には蒸着法の一種です．ただ，常圧や大気圧よりも高い圧力環境で蒸着する場合もあるので，真空下に限定されるわけではありません．真空を必要としないということは，真空ポンプなどの排気システムが不要になるというメリットもあります．

真空蒸着法やスパッタリング法では，蒸着源と試料との位置関係（角度）によって膜厚が変化するので，試料表面に凹凸があると場所ごとに成膜される膜厚が変化します．一方，CVD法では，反応材料が試料表面に届けば，試料表面の凹凸に関係なく均一な膜がつくれます．また，基板材料と特異的に反応する物質を選択することで，基板表面の特定の部位のみに選択的に成膜することも可能になります．

CVD法には，熱を加えて原料ガスを化学変化させる「熱CVD法」や，プラズマを使って化学反応を促進させる「プラズマCVD法」，半導体プロセスなどにおいて単結晶層を成長させるために利用される「エピタキシャルCVD法」などがあります．さらに，基板表面に原料分子の単一分子層を吸着させ，これを反応させて単一原子層を成膜させる「アトミックレイヤーデポジション（Atomic Layer Deposition：ALD）法」，有機金属ガスを原料として化合物半導体結晶の成膜によく利用される「有機金属CVD（Metal Organic CVD：MOCVD）法」，光やレーザーを照射して化学反応を起こさせる「光CVD法」などもあります．

図3.12にCVD法を用いて作製されたメタマテリアルの例を挙げます[1]．このメタマテリアルは，後述の2光子重合法を用いて作製された樹脂構造体の表面をCVD法を用いて銀でコートして作製したものです．樹脂構造体は立体的な形状を持っています．蒸着法やスパッタリング法では影になる部分に銀をコートすることは困難ですが，CVD法を利用することでこのような立体的で複雑な樹脂構造の表面に均一に銀がコートされていることが確認できます．CVD法の均一性を活用した例の1つです．

3.9 化学気相成長法 81

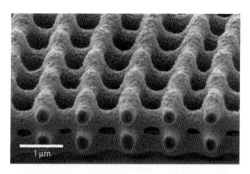

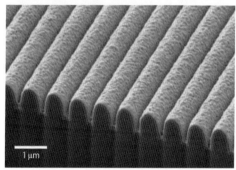

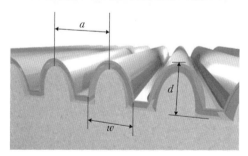

図 3.12 CVD 法でつくったメタマテリアル
2 光子重合法で作製した 3 次元樹脂構造の表面に
均一に銀をコートして作製したもの．文献 [1] の
図を改変．

3.10 集束イオンビーム法

各種の原子をイオンにして，これを集束させながら対象となる物質に照射して物質を削る手法に集束イオンビーム（Focused Ion Beam：FIB）法があります．例えばガリウムなどのイオンビームを集束させて加工材料に照射すると，材料表面の原子がイオンではじき飛ばされて削り取られます．これをくり返すことで材料を削ったり，切断したりすることができます．イオンビームはナノメートルのサイズに絞り込むことができるので，非常に細かな構造を加工できます．この手法は「集束イオンビームミリング法」とも呼ばれます．また，削り取られた原子はビームスポット周辺に堆積するので，これを利用して構造をつくる加工法もあります．

図3.13は，FIB法を用いて作製されたメタマテリアルです[2]．金属と誘電体を交互に積層した多層膜をFIB法を用いて削ることで，フィッシュネット構造が多層に積層されたメタマテリアルをつくっています．さらに，このフィッシュネットメタマテリアルを斜めに削ってプリズム状に加工したものを用いて，負の屈折現象が起こることも実証されています．

集束イオンビームを用いて物質を試料に蒸着することもできます．銅やアルミニウム，金などの物質をイオンビームにして直接試料に照射して蒸着させる手法と，試料表面に白金，タングステン，金，炭素などのガスを吸着させておき，それをイオンビームで分解して蒸着させる手法の2種類があります．

集束イオンビームを試料に当てると，試料表面から二次電子が放出されます．この二次電子を測定することで，電子顕微鏡のように試料の微細構造を観察することができます．これは，走査イオン顕微鏡法と呼ばれます．ほとんどのFIB加工装置ではこの走査イオン顕微鏡の機能を有し，加工した試料の形状をそのまま観察することができるようになっています．

FIB法とCVD法を組み合わせて，イオンビームを照射した場所で局所的にCVDを行って材料を堆積させ，これを連続的にくり返すことで立体的な構造物を作製するFIB-CVD法も提案されています．

3.10 集束イオンビーム法   83

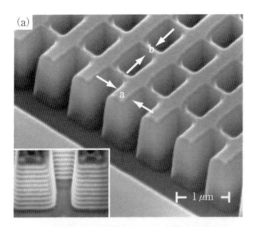

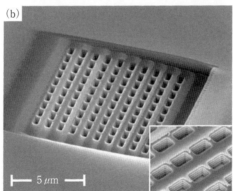

図 3.13 集束イオンビーム法で作製した多層フィッシュネットメタマテリアル
文献[2]の図を改変.

3.11　インクジェットプリンター

　皆さんのご家庭にもインクジェットプリンターがあるかもしれません．今日では，極微量のインクを正確にコントロールすることで，美しい写真を家庭でも印刷できるようになりました．近年，このインクジェットプリンター技術を利用して，極微細なパターンを作製することが可能になっています．例えば，図 3.14 に示すスーパーインクジェット技術と名づけられた装置では，フェムトリットル以下の超極微量のインク液滴をつくり，それを精度よく制御することで線幅 1 μm 以下のパターンを印刷することが可能です．さらに，金属のナノ微粒子を分散させた特殊なインクでこれを行えば，金属パターンを作製することもできます．線幅 1 μm という加工線幅は，可視光用の光メタマテリアルの作製用途には少し厳しいですが，テラヘルツ波のような波長の長い光に対するメタマテリアルの作製には十分利用可能です [3]．図 3.15 はスーパーインクジェットプリンターで直接印刷した分割リング共振器アレイの顕微鏡写真です．実験では 0.4 THz に LC 共振に伴うテラヘルツ波の吸収が観測されています．

　この技術では，プリンターヘッドの位置を高精度に制御することで，同じ場所にインクの極微小液滴をくり返し着弾させることもできます．この技術を使って印刷を何度もくり返すことで物質を堆積させ，3 次元的な構造をつくることも可能です．

　インクジェット技術は，常温，大気中で加工ができるうえに，リソグラフィなどのようにさまざまな工程を経ることなしにコンピューター上でパターンを設計するとそれがそのまま直接加工できるという特徴を持ちます．

　また，メタマテリアルの加工用途からは少し外れますが，タンパク質や脂質などの生体材料のパターニングも可能で，近年その適用範囲は大幅に広がっています．

3.11 インクジェットプリンター　　85

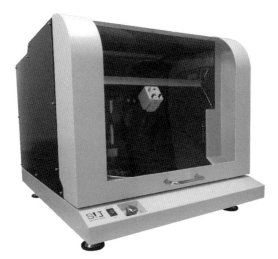

図 3.14　インクジェット加工装置
株式会社 SIJ テクノロジ 提供.

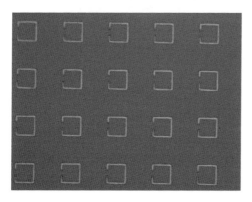

図 3.15　スーパーインクジェットプリンターでシリコン
基板上に作製した金の分割リング共振器アレイ[3]

3.12　3次元光加工法

　これまでに述べた加工法は，FIB法を除くと蒸着法のような成膜技術も含めてどれも2次元的な平面パターンを作製する技術でした．ここからは立体的な構造をつくり出すための手法をいくつか紹介したいと思います．初めにレーザー光を用いた3次元微細加工技術をいくつか紹介しますが，その前に，なぜ光を用いた3次元加工が難しいのかを説明しなければなりません．じつは，これを詳しく述べるとそれだけで1冊の本になってしまうので，要点だけを述べます．

　光リソグラフィのように光を使って小さなものを加工する装置と，顕微鏡のように光を使って小さなものを観察する装置は，ほとんど同じ光学系を使います．この2つを対比させたのが図3.16です．特に，縮小投影型の光リソグラフィにおけるレジスト膜を顕微鏡の試料に，フォトマスクを目の網膜に置き換えて考えれば，残る違いは光の進む向きだけです．

　光学顕微鏡を使用する際，見たいものを直接対物レンズの下に置くのではなく，「薄くスライスしてそれをスライドガラスに貼りつけてから観察しなさい」と小学校や中学校で教わったと思います．それは，光学顕微鏡では3次元空間に広がった試料の中のある特定の部分（正確には特定の深さ部分）のみを観察することができないからです．図3.17に示すように厚みのある試料の内部にピントを合わせても，その上下にある試料の構造がぼけた像として重畳し，得られる画像はぼけて訳のわからないものになります．もちろんこの画像の中にはピントの合った画像も含まれていますが，それだけを取り出して観察することはできないのです[4,5]．だから仕方なく，試料を薄く切り刻んで2次元の平面状にして観察しているのです．

　光で物体を加工する場合も同じです．厚い膜厚のレジスト膜をつくってその中にパターンを結像させても，その深さのレジストのみを選択的に感光させることはできず，上下には必ずぼけた像が露光されてしまいます．そこで光リソグラフィ法では，レジスト膜を基板表面に薄く塗布して，その薄いレジスト膜にパターンを露光してぼけた像が露光されることを防いでいるのです．

　この事実は，2次元パターンを直接露光する手法だけでなく，集光したレー

ザー光を走査する技術においても同じです．厚いレジスト膜をつくってその内部にレーザー構造を集光したとしても，レーザーはその上下のレジストを透過するので，そこで不要な感光が起こり，結果として集光スポット部だけで選択的にレジストを感光させることはできません．このように光を使ってパターンを照射する加工技術は本質的に2次元的なパターンしか加工できないのです．

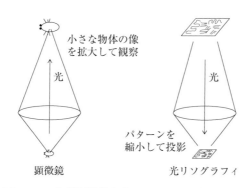

図 3.16 光学顕微鏡と光リソグラフィ装置の対比

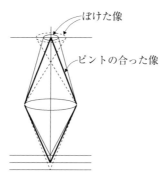

図 3.17 光学顕微鏡は3次元物体を可視化できない

3.13　3次元光加工法の難しさ

前節で述べた内容を別の見方で考えます．図3.18のように光が集光されている状況を仮定します．集光部の断面積を a，その領域の単位面積あたりの光強度を b とします．すると，集光部に照射されている光の全体の強度は，

$$a \times b \tag{3.1}$$

になります．

一方，集光点から少し離れた箇所では，光はぼけて広がっているので面積は集光部よりも大きくなります．ちょうど断面積が $2a$ となる場所の単位面積あたりの光強度は $b/2$ にならなければなりません．

すると結果としてぼけた光スポット内に照射されている光強度は，

$$2a \times b/2 = a \times b \tag{3.2}$$

となります．わざわざ書くまでもないことで，これがエネルギー保存則そのものです．

このような光スポットをレジスト膜の内部で走査すると，ぼけた場所は単位面積あたりの光量は小さいものの，面積が大きい分長い間露光され続けることになり，結果として集光部と同じ量の光が照射されることになります．

照射される光の量が同じなので，レジストはどこも同じように感光されてしまい，結果として，レジスト膜の特定の場所だけを感光させることはできません．これでは3次元構造をつくることはできません．ではどうすればよいかというと，要は集光点とぼけた領域の実質的な光照射量が異なるようにすればよいのです．しかしこれは光を単に照射するだけでは実現できません．

強度が半分になれば露光量も半分になり，露光時間が2倍になれば露光量も2倍になるといった関係が成り立つのは，線形な系での話です．上記の例では，光強度が半分になった分を露光時間が2倍になって相殺していたのです．この事実が私たちに教えてくれるのは，「線形」な系では希望どおりの3次元加工はできないということです．

同じことが光学顕微鏡で物体を観察しているときにも起こっています．厚みのある物体の内部を直接観察すると，ピントを合わせた位置の像以外にぼけた像が重畳します．ぼけているので各点の強度はやや低くなっていますが，消え

てはいません．ぼけた像全体の光強度を集めると，ピントの合った像と同じ強さを持っています．だからピントを合わせたところの像だけを見ることができないのです．

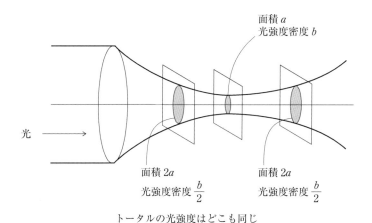

図 3.18 通常のレンズ光学系には3次元分解能がない

3.14 2光子吸収

「線形な系」がだめということは,「非線形な系」なら可能性があるということです.すなわち,光強度が2倍になったときに,露光量が2倍にならないような,そんな系があればよいのです.このような系をつくり出す光学現象の1つが「2光子吸収」という現象です.

1.9節で,物質のエネルギー準位と光子のエネルギーの関係について述べました.そして,物質が持つエネルギーギャップと照射された光子のエネルギーが等しいときに光の吸収が起こり,エネルギーギャップよりも光子のエネルギーが小さい場合は,いくら光子の数を増やしても光の吸収は起こらないと説明しました.これを図示したのが図3.19(a)です.これは図1.14と同じものです.励起準位と基底準位間のエネルギー差と同じエネルギーを持つ光子が物質に入射すると,基底準位にある電子が光子のエネルギーをもらって励起準位に遷移します.そしてエネルギーを与えた光子は消滅します.大学の学部の授業ではこのように習います.しかし,このルールは絶対的なものではありません.自然はいつもギリギリのところで私たちを裏切ります.じつはきわめて低い確率ではありますが,光子のエネルギーが小さくても,光子の数でエネルギーを稼いで光が物質に吸収される現象があります.すなわち,物質が2つの光子を同時に吸収して,2つの光子のエネルギーの和に対応するエネルギーギャップ間で電子が励起されるのです.例えば,図3.19(b)に示すように波長400 nmの紫外光に対応するバンドギャップを持つ物質が,波長800 nmの近赤外光の光子を2つ同時に吸収して,見かけ上は400 nmの紫外光を吸収したのと同じ反応が起きます.これが「2光子吸収」という現象です.1.9節の例えで言うと,赤外線ストーブに当たっていたら日焼けしたようなものです.私たちの感覚にはそぐわない現象です.

第1章で述べた通常の光吸収過程は,1つの光子で1つの電子の励起が起こるので,これを2光子吸収と区別するために「1光子吸収」と呼ぶこともあります.さらに,確率は極端に低くなりますが3つ以上の光子を同時に吸収する現象も存在し,2光子吸収以上の現象をまとめて「多光子吸収」と呼びます.

1光子吸収現象は光強度に比例して起こりますが,2光子吸収現象は光強度

の2乗に比例して起こります．すなわち，光強度が2倍になると吸収量は $2^2 = 4$ 倍になるという非線形性があります．

2光子吸収現象が起こる確率はきわめて低いので，ふつうはこれを直接観測することはできません．しかし，光強度が極端に強いレーザー光を用いると，私たちが観測できるような確率で起こすことができます．もともとの確率が低いなら，光子の量を増やすことで確率の低さをキャンセルすればよいのです．

2光子吸収を起こすにはその物質が照射される光に対して1光子吸収をまったく起こさないか，もしくは1光子吸収の確率がきわめて低い必要があります．例えば波長 800 nm の光子を2つ吸収して波長 400 nm 相当の2光子吸収が起きるには，その物質は波長 800 nm の光を1光子吸収してはいけません．もし1光子吸収が起こってしまうと，光はほぼすべて1光子吸収で消費されてしまい，2光子吸収は起きません．

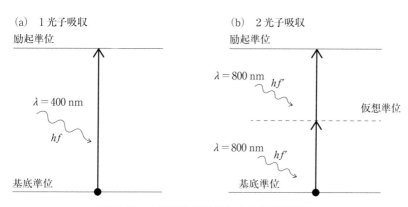

図 3.19 1光子吸収過程と2光子吸収過程

3.15 フェムト秒パルスレーザーと2光子吸収

　前世紀の終わり頃からフェムト秒パルスレーザー（以下フェムト秒レーザー）というレーザー光源が比較的容易に入手できるようになってきました．フェムト秒レーザーはパルスレーザーの一種で，カメラのフラッシュのようなパルス状の発光をくり返すレーザーです．特徴的なのはその発光時の時間幅がフェムト秒というきわめて短い時間だということです．例えば，チタンサファイアレーザー（Ti:Sapphireレーザー）という装置を使えば，図3.20(a)に示すような100フェムト秒程度の極短パルス光を容易に発生させることができます．

　フェムトとは10の−15乗を示す接頭語で，100フェムト秒(fs)は10^{-13}秒に相当します．第1章で述べたように光は1秒間に$3×10^8$m進むので〔図3.20(b)〕，簡単な計算から100 fsの間に光が進むのは30 μmの距離だとわかります〔図3.20(c)〕．これはヒトの髪の毛の直径よりも短い距離です．このレーザーはこれほど短い時間しか発光しないので，レーザーの光エネルギーはその短い瞬間に閉じ込められていることになり，瞬間の光強度はきわめて高くなります．これは，光のエネルギーが時間的にある一瞬に圧縮されたと解釈できます．このようなレーザー光を対物レンズで小さな空間に絞り込むと，レーザーのエネルギーは空間的にも圧縮されることになります．このように，レーザーのエネルギーを時間と空間の両方で圧縮すると，ある瞬間のある場所においてきわめて光子密度の高い状態が実現でき，2光子吸収現象のような本来ほとんど起こらない現象が，私たちが直接観測できる規模で起こるようになります．

　紫外光に反応（感光）する物質の中に近赤外波長のフェムト秒レーザーを集光照射すると，レーザー光は集光点までは物質に吸収されずに伝播しますが，集光点では2光子吸収が起きて，あたかも紫外光を照射したかのような光化学反応が起こります．集光点を過ぎると光はまた広がるので物質と反応せずに透過します．このように，2光子吸収現象を利用するとレーザー光スポット部のみで紫外光吸収を起こし，それ以外の場所では赤外光すなわち物質にとっては光を照射しなかったことと同じことが起こせます．

図 3.21 は,蛍光色素溶液に対して左側から紫色レーザーを,また右側から近赤外のフェムト秒レーザーを集光照射している様子です.紫色レーザーのほうは光が通過する領域がすべて光っていますが,フェムト秒レーザーのほうはレーザースポット部のみで蛍光発光が起こっていることが確認できます.

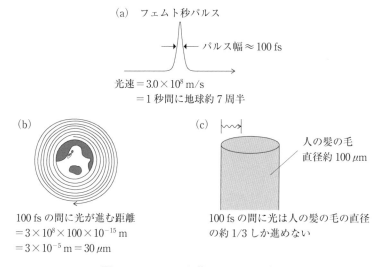

図 3.20 フェムト秒パルスレーザー

図 3.21 1光子蛍光と2光子蛍光の比較
藤田克昌先生(大阪大学工学部)提供.

3.16 2光子還元法

　第2章で述べたように，メタマテリアルでよく利用される材料に金や銀があります．これらの金属は不透明な物質なのでこれを直接レーザーで加工することは困難です．そこで筆者の研究グループはこれらの金属をいったんイオンに変換しておき，このイオンに光を照射して光還元反応を使って金属に戻すことで，金属の構造を作製する技術を開発しました．この光還元反応に先に述べた2光子吸収現象を利用すれば，3次元的な金属構造が加工できます．これが2光子還元法です[6]．

　図3.22は銀イオンの吸収スペクトルを示したものです．銀イオンは波長350 nm以下の紫外領域にのみ光の吸収帯域を持ち，可視光から近赤外光の領域ではまったくの透明です．金イオンはもう少し長波長域の紫域から短波長側の光を吸収しますが，やはり可視光の大部分と近赤外光に対しては透明です．

　このようなイオンを含む材料に，図3.23に示すように，近赤外波長のフェムト秒パルスレーザーを集光照射すると，レーザースポット部の局所領域のみで2光子吸収現象が起こり，それに伴う還元反応によってイオンが金属に変化します．その結果，レーザーの集光スポット部に極微細の金属のドット（点）が生成されます．レーザーを集光した3次元空間中の1点のみで金属のドットをつくることができるので，このレーザースポットを3次元空間中で走査すれば，空間中に任意の形の金属構造をつくり出すことができます．

　レーザースポットの走査は，ガルバノメーターミラーで直接ビームを走査する方法に加え，加工材料をコンピューター制御されたステージにセットして材料側を走査する方法などがあります．ビームを直接走査する手法は，高速でなめらかな曲線を描画できますが，加工範囲は顕微鏡の対物レンズの視野内に限られます．一方，ステージを利用する手法は速度が遅いことに加えて，曲線や斜め線の描画を不得意とするという短所がありますが，描画領域はステージのストロークで稼げるので大きな面積の加工に対応できます．このようにこれら両者の長所は互いに相補的なので，これら両方を活用するためにビーム走査とステージ走査の両方を備えたシステムが利用されることがほとんどです．

　2光子還元法では金属イオンを還元して金属構造をつくるので，利用できる

材料と利用できない材料があります．金，銀，銅などは問題なく利用できますが，イオン化傾向が大きなアルミニウムなどは加工できません．

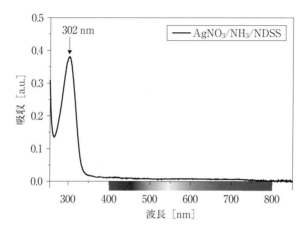

図 3.22 銀イオンの吸収スペクトル

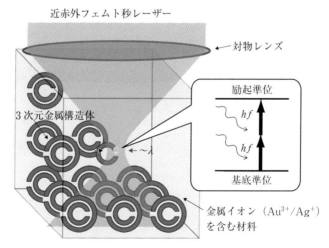

図 3.23 2光子還元法の原理

3.17　2光子還元法の特徴

　2光子還元法の特徴の1つは，高い導電性を持った構造をつくることができることです．銀ラインを描画してその抵抗率を測定したところ，約 $5.3 \times 10^{-8}\,\Omega\cdot\mathrm{m}$ でした．この値は，バルクの銀の抵抗率（$1.6 \times 10^{-8}\,\Omega\cdot\mathrm{m}$）と比較してもたかだか 3.3 倍程度で，構造の線幅が $1\,\mu\mathrm{m}$ 程度であることを考慮すると非常に高い導電性を持つ銀構造が生成されていることが確認できます．

　図 3.24 は，ガラス基板上に作製した銀の 3 次元構造を電子顕微鏡で観察したものです．硝酸銀水溶液をガラス基板の上に 1 滴だけ滴下し，その水滴の中でレーザースポットを走査して構造を描きます．露光後，余分な水溶液を洗い流し，乾燥させてから電子顕微鏡で観察しています．いずれもガラス基板上に自立した 3 次元構造です．図 3.24(a) は基板に垂直に 2 本の銀ロッドを立て，その後で 2 本のロッドの頂点を接続したもの，図 3.24(b) はレーザースポットをガラス基板表面から斜め上方に走査して，わざと斜めに傾いたロッド構造をつくったものです．また図 3.24(c) は，レーザースポットを円環状に走査し，その直径を変えながら同時に垂直方向にもスポットを走査して作製したカップ状の構造です．いずれも光リソグラフィ（3.1 節参照）などでは加工できない構造です．

　2光子還元法では，レーザー光が届くような透明な材料中に金属イオンを導入できれば固体中でも金属構造をつくることができます．図 3.25 は金イオンをポリメチルメタクリレート（polymethyl methacrylate：PMMA）樹脂に混ぜてフィルム状に加工し，その固体の PMMA フィルム内部でレーザースポットを走査して直接作製した金のリングアレイ構造です[7]．樹脂は細かく見ると分子が編み目のように絡み合った構造を持っています．金属のイオンはこの編み目の中を移動できるので，固体中でもイオンが集まって金属化し，金属構造を加工することができるのです．一方，ホストとなる材料をガラスなどに変えてしまうと，イオンはなかなか動くことができなくなり，写真のような金属が連続的につながった構造をつくるのは難しくなります．

3.17 2光子還元法の特徴   97

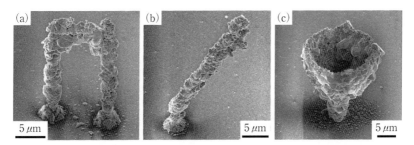

図 3.24　2光子還元法で作製した3次元銀構造

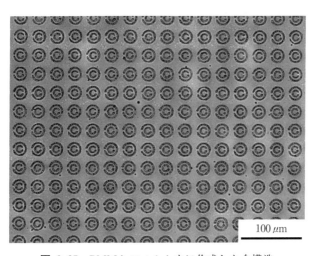

図 3.25　PMMAフィルム中に作成した金構造

3.18　2光子還元法の高解像度化

　2光子還元法では，金属の結晶が勝手に成長してしまうことが加工分解能を高められない原因でした．図3.24をもう一度よくご覧いただくと，金属構造の表面は粗くて，ゴツゴツした大きな塊状のものが多数存在していることが確認できると思います．これが，光還元中に成長した銀の結晶です．そこで界面活性剤を加工材料に添加しました．光還元過程において生成される金属核の表面を界面活性剤分子でコートして，不要な結晶成長を抑制するためです．我々はさまざまな界面活性剤を試した結果，n-decanoylsarcosine sodium salt (NDSS) という物質が優れた特性を持つことを見出しました[8]．

　図3.26は，NDSSを添加した銀イオン含有材料を用いて作製した銀ラインの電子顕微鏡写真です．NDSSの添加によって，光還元で生成される銀微粒子のサイズは10 nm程度に微細化され，加工線幅も100 nm程度にまで細線化できるようになりました．図3.27は，ガラス基板表面に作製したピラミッドアレイ構造です．個々のピラミッド構造は4本の銀ロッドから構成され，それぞれのロッドがピラミッドの頂点で接続されています．このピラミッドも図3.24と同様に銀イオンの水溶液中で作製して，その後不要な水溶液を除去・乾燥したものです．じつは，構造物を残したまま水溶液を除去して乾燥させるのは簡単ではありません．水が乾くときには，必ず水と空気の境界面が構造物を通過しますが，水の表面に働く表面張力はかなり大きくて小さな構造物はその影響で破壊されてしまいます．図3.27のような電子顕微鏡像が取得できたということは，作製した金属構造が水の表面張力に耐えて破壊されない十分な力学的強度を持っていることを示しています．そしてそれは，銀微粒子同士が互いに密に結合して全体の金属構造を構成していることを意味します．実際この構造にも電気が流れます．

3.18 2光子還元法の高解像度化　　99

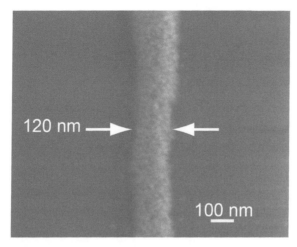

図 3.26 2光子還元法で作製した100 nm線幅の銀ライン
使用したレーザーの波長は800 nm.

図 3.27 3次元銀ピラミッド構造[8]

3.19 2光子重合法

　ここ数年で3次元プリンターというものが注目されるようになってきました．この技術のお陰で，特殊な技術を持つ職人しか加工できなかった複雑な形状を持つ3次元物体を，コンピューター上で絵を描くだけで作製できるようになっています．3次元プリンターにはいくつかの手法がありますが，その中の1つに，紫外線硬化樹脂を用いて紫外光を照射しながら樹脂の3次元構造物を作製する手法があります．

　先に説明したように，非線形性を伴わない光学系では紫外光と言えども直接3次元的な物体の構造を投影して加工することはできません．そこで一般的な3次元プリンターでは，造形物を地図の等高線のように2次元パターンの積層体に分割し，一層一層積み上げながらつくり上げます．このような手法はある程度の大きさがある物体をつくるときには有効ですが，メタマテリアルのようにマイクロメートル，ナノメートルサイズの構造の作製にはそのままでは適用できません．やはり，極微細な3次元構造は，空間中に直接つくり出すしか手がありません．そこで利用するのがやはり2光子吸収現象です．先の2光子還元法では金属イオンを局所的に還元するのに利用しましたが，この例では樹脂を硬化させるのに利用します[9, 10]．

　もうおわかりように，この樹脂にフェムト秒の近赤外レーザーを集光照射して樹脂の中で2光子吸収を起こします．紫外線硬化樹脂は紫外光を照射すると重合反応を起こして硬化する樹脂なので，2光子吸収が起こると近赤外光を当てているにもかかわらず紫外光が照射されたのと同じ重合反応が起こり，レーザーの集光点でのみ樹脂が硬化します．一方，集光点の上下では2光子吸収は起こらないので，光は樹脂とまったく相互作用せずに通り抜けます．そのおかげで，レーザービームを樹脂の内部深くにまで集光することができます．あとは2光子還元法と同様に未硬化の樹脂中でレーザースポットを3次元的に走査すると，任意の形状を持つ3次元樹脂構造体を作製することができます．図3.28は，2光子重合法で作製したマイクロメートルサイズの牛です．樹脂中で作製した後，未硬化の樹脂を除去して電子顕微鏡で観察したものです．ガラス基板上に自立した完全な立体構造で，世界最小の牛としてギネスブックにも掲

載されていました.
　一部の樹脂は重合を起こして硬化するときに体積が収縮する性質を持っています．この性質をうまく利用すると，レーザーで描いたパターンよりもさらに細い構造を描画することができます．

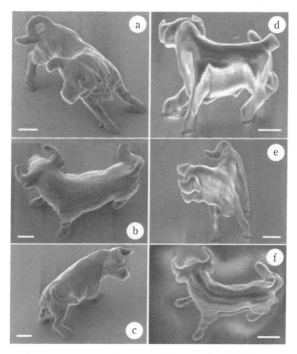

図 3.28　2光子重合法で作製した3次元樹脂構造
文献[10]の図を改変．

3.20 マルチビーム2光子重合法

2光子吸収現象を用いた加工法は，回折限界にまで絞り込んだレーザースポットを3次元的に走査することで構造をつくるので，きわめて自由度の高い3次元微細構造をつくり出すことができるという長所があります．しかし，短所もあります．それは加工速度です．これらの手法は1本の鉛筆で1つ1つ構造を描くようなものなので，構造を1000個つくるなら1000回描かなければなりません．加工時間は単純に加工する構造の数（規模）に応じて増大します．

この問題を解決する手法として，複数のレーザースポットを用いて同時に複数の構造を加工する技術が提案されています[11]．図3.29は「マイクロレンズアレイ」と呼ばれる光学素子で，ガラス基板の上に小さなレンズが集積化されています．ちょうど昆虫の複眼のような感じです．この素子では$50 \times 50 = 2500$個のレンズが集積されています．このマイクロレンズアレイに平行光にしたレーザービームを照射すると，レンズアレイの後方にはレンズと同じ数のレーザースポットが形成されます．この多数のレーザースポットを対物レンズを用いて金属イオンや紫外線硬化樹脂中に縮小投影します．そしてマイクロレンズアレイを直接x-yに機械的に走査すれば，すべてのレーザースポットが同時に走査されてまったく同じ形状の構造が多数作製されます．レーザー光の均一性などを考慮すると，すべてのマイクロレンズを利用することは難しく，中央付近のレンズのみを利用することになりますが，それでも1000個程度のレンズを利用することは可能です．すると，構造1つあたりの加工時間は単純に1000分の1に短縮されます．

図3.30は，この手法で作製した3次元マイクロ構造です．(a)はアルファベットの"N"の文字を描いたもの，(b)は立体的なコイルを作製したものです．多数の構造が集積化されていますが，これらは一度のレーザー走査ですべて同時に加工されたものです．

この手法では，使用したマイクロレンズの数だけレーザー光の強度が分割されます．そのため1000個のレーザースポットの1つ1つに単一ビームの2光子重合法と同じパワーを供給するには，もとのレーザー光源の出力は単純に1000倍なければなりません．そのため，この手法では，フェムト秒レーザー

の出力をさらに「再生増幅器 (regenerative amplifier)」というレーザー増幅器で増幅させて必要なパワーを獲得しています．

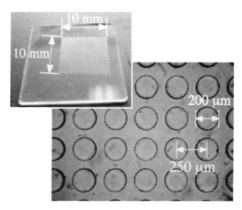

図 3.29 マイクロレンズアレイの写真 [11]

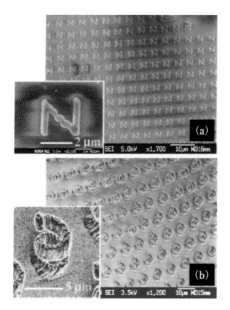

図 3.30 マルチビーム 2 光子重合法で作製した微細樹脂アレイ構造
文献 [11] の図を改変．

3.21 金属めっき

メタマテリアルを作製するには金属の構造体をつくらなければならないので，2光子重合のような樹脂の構造だけでは不十分です．そこで，2光子重合法で作製した樹脂のまわりに金属をコートして金属化します．金や銀の貴金属では，照射された可視光が金属内部に侵入する深さはたかだか数十 nm です．そのため金属層の膜厚が数十 nm よりも厚ければ，光にとってはその奥が樹脂なのか金属なのかは関係なくなります．

このような金属のコーティングには，先に紹介した真空蒸着法や CVD 法が利用できますが，古くからあるめっき技術も有用です．特に最近では，めっきを行った際の金属膜の表面粗さをナノメートルオーダーに平坦化した高精度めっき技術も開発されており，プロセスの容易さに加えて複雑な3次元構造にも均一に金属をコートできる技術として注目されています．

メタマテリアルの構造では，すでに何度も述べたように，金や銀という貴金属が主役です．幸いにもこれらはめっき可能な金属ですが，実際の加工では，金属コートが必要となる部位のみを選択的にめっきできる手段が必要となります．めっきの中でも無電解めっき法は，めっき液の中に加工物を入れるだけで金属がコートされる便利な手法ですが，ほとんどの紫外線硬化樹脂の表面は金属の付着力が弱くて十分強度の金属膜がコートされません．一方，2光子重合法の試料の基板としてよく利用されるガラスや水晶は金属がコートされやすいという特性があります．そのため，2光子重合法で加工した3次元樹脂構造体をそのまま無電解めっき液に入れると，肝心の樹脂構造は金属がコートされず，ガラス基板が金属コートされてしまうという問題がありました．これを解決する手段として，樹脂構造の表面を塩化スズ（$SnCl_2$）膜であらかじめコートするとともに，ガラス基板の表面を疎水コートすることで，樹脂構造体の表面のみに選択的に金や銀をコートする手法が提案されています[12]．

図 3.31 がその加工プロセスです．ガラス表面を dimethyldichlorosilane で疎水コートして2光子重合加工用の基板とします〔図 3.31(a)〕．この基板上に紫外線硬化樹脂を液滴状に滴下し，その中で2光子重合法によって3次元樹脂構造を作製します〔図 3.31(b)〕．不要な未反応樹脂を除去した後〔図 3.31

(c)〕,硬化した樹脂構造の表面に塩化スズを希塩酸に溶解した液を滴下して塩化スズ薄膜をコートします〔図3.31(d)〕.その後,硝酸銀を主成分とするめっき液をこの基板上に滴下して無電解めっきを行います〔図3.31(e)〕.その結果,塩化スズをコートした樹脂表面のみに銀が均一にコートされました〔図3.31(f)〕.

詳細は参考文献に譲りますが,これ以外にも紫外線硬化樹脂そのものを改質し,分子鎖中にアミド基を導入することによって金属の接着力を高め,その樹脂で作製した構造体のみを選択的に金属コートする手法や[13],マイクロレンズアレイを利用して大量の3次元樹脂構造体を一度に作製し,それに金属コートを行う手法などが開発されています[14].

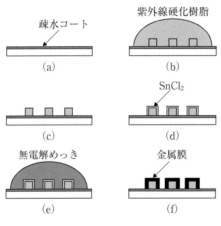

図 3.31　選択的めっき法

3.22 自己組織化
——ボトムアップでメタマテリアルをつくる

リソグラフィ法やFIB法などは，人間が光や電子線，イオンビームなどを制御して，設計通りの微細構造をつくり上げていく手法です．このような手法はしばしば「トップダウン型加工法」と呼ばれます．トップダウン型加工法には設計どおりの構造を精度よくつくり出せるという長所があります．一方，多大なエネルギーを必要としたり，一度に大量の構造をつくることができないという短所があります．これとは反対に，私たち生物の身体はトップダウン的にはつくられていません．小さな分子が集まって細胞がつくられ，その細胞が集まって器官が生まれ，そして体全体へと積み上げられます．このような方法で構造をつくる手法は「ボトムアップ型加工法」と呼ばれます．ボトムアップ型加工法の特徴はトップダウン型とはまったく異なり，必ずしも設計どおりの精度の高い構造をつくれないという短所がありますが，一方で加工コストが低いという長所があります．以降では，ボトムアップ的な手段でメタマテリアルを作製する方法を紹介します．

第2章で述べたように，光の磁場に応答する光メタマテリアル，もしくは透磁率を操作したメタマテリアルをつくるには，リングにいくつかの切れ込みが入った共振器が必要です．リング部は磁場を受けるアンテナであり，同時にコイルの性質（インダクタンス L）を担っています．また，切れ込み部はコンデンサーの役割（キャパシタンス C）を果たします．そして，可視光のような高い周波数領域で動作する光メタマテリアルをつくるには，L が大きく，C が小さい構造が必要でした．このことを念頭に図3.32を参照ください．C を小さくする方法の1つは切れ込みの数を増やすことです．切れ込みを増やすとその分だけ C は小さくなり，結果として共振周波数は上がります．このように考えて，切れ込みの数をどんどん増やしていくと，その構造は小さな金属片をネックレスのように円環状に並べたものと等価であることに気づきます．つまり，あらかじめナノメートルサイズの小さな金属微粒子をつくっておき，これをつなげてネックレス構造にしてもそれは光メタマテリアルの共振器として機能する可能性があるのです．このような共振器が，生物の体が自己組織的につ

くり上げられるように，ひとりでにボトムアップ的にでき上がるような加工法の開発もこれからのメタマテリアルの大量生産にとって重要です．

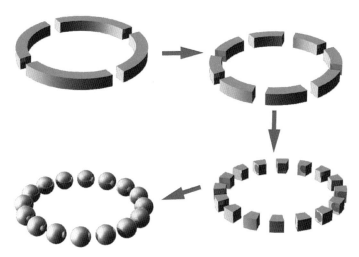

図 3.32 多分割 SRR と金属ナノ微粒子の円環配列構造の等価性

3.23　三日月金属リングの大量作製法

　化学的な合成手段を用いると，直径数百 nm～数 μm のプラスチックの微小球を大量に作製することが可能です．このプラスチック球を用いてギャップを持つ金属微小リングを作製する手法があります．加工手順を図 3.33 に示します．

　まず，ポリスチレン微小球をガラス基板などの上に分散させます．この分散手法には微粒子を直接基板に振りかける方法や，水などに分散させたものをスプレーする方法などがあります．次に，この基板に対して斜め方向から真空蒸着法で金属薄膜を蒸着します．基板表面に微粒子があるため影になるところがありますが，斜め方向から金属を蒸着しているので影は非対称になり，蒸着源に対向している方向では微小球の下側まで金属が蒸着されるのに対して，その反対側には影が伸びて金属が基板に蒸着されない箇所が生まれます．この状態の基板に，今度は基板に垂直な方向からイオンビームを照射して金属をエッチングします．すると，微粒子の影になっている箇所の金属はエッチングされずに残りますが，基板表面に暴露されている部位の金属薄膜はエッチングで除去されます[15]．その後，微粒子をガラス基盤から除去すると，非対称に蒸着された三日月型の金属リング構造が基板表面に残ります．三日月型リングの存在場所は，微粒子が基板表面に付着していたところであり，三日月の方位は斜め蒸着の方向によって決定されます．さらに，斜め方向からの金属蒸着を 2 方向以上からくり返し行うことによって，三日月の切れ目の幅などを制御することも可能です．図 3.34 はこの手法を用いて作製したナノメートルサイズの三日月型金属リングの電子顕微鏡写真です．形状としては 1 つのスリットを持つ SRR と等価な構造です．

　この手法では大量の微粒子をランダムに分散させて，あとは基板全体に対して一度に蒸着とイオンエッチングを行うことで，基板表面に分散・吸着させた微粒子と同じ数の三日月金属リング構造を一挙に作製することができます．もちろん三日月の径を揃えるには最初に分散させる微粒子の直径が揃っている必要があります．

3.23 三日月金属リングの大量作製法　109

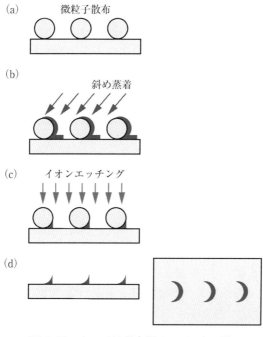

図 3.33 ナノ三日月金属リングの加工法

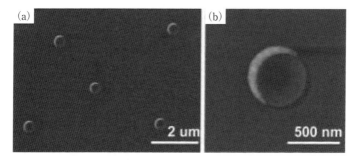

図 3.34 ナノ三日月金属リング
文献[15]の図を改変.

3.24 DNAを用いた自己組織化

金属微小球をネックレス状に接続する手法として，筆者の研究室ではデオキシリボ核酸（DNA）を利用することを考案しました．DNAはよく知られるように生物の細胞の中に存在する遺伝子を保持している巨大分子です．4つの塩基で構成されるDNAの分子鎖が2本相補的に結合してらせん構造を形成します．そしてその2本の分子鎖はくっついたり離れたりすることができます．我々はこのDNA分子が互いに結合する機能を利用して金ナノ微粒子をネックレス状に連結しました[16]．

まず最初に用意するのは，フラスコの中で化学的に合成した金ナノ微粒子とコンピューターで設計して人工的に合成した3種類のDNA鎖です〔図3.35(a)〕．これらを試験管の中で混合して，金ナノ微粒子に3つのDNAが結合した構造を自己組織的につくります．これが基本となる部品です．DNAが結合しなかった金ナノ微粒子や，1つの金ナノ微粒子に2つ以上のDNA鎖が結合してしまったような不要な副産物も生じるので，一度電気泳動法を利用して必要な構造のみを精製します．3種類のDNAごとにこのような構造をつくります．そしてこの3つの構造体をもう一度試験管の中で混合して，一晩待ちます〔図3.35(b)〕．すると，それぞれのDNAが互いに二重らせん構造を形成して，3つの金ナノ微粒子が三角形の形に結合されます〔図3.35(c)〕．この過程でもやはり結合できなかった1量体や2つの金ナノ微粒子だけが結合した2量体などの副生成物が生じるので，もう一度電気泳動法を用いて3量体すなわち三角形構造のみを取り出します〔図3.35(d)〕．

図3.36(a)は，得られた三角形構造を雲母基板上にばらまいて原子間力顕微鏡で観察したものです．無数の三角形構造ができていることが確認できます．また図3.36(b)は，取り出した3量体構造の1つを走査透過電子顕微鏡で観察したものです．3つの金ナノ微粒子がきちんと三角形構造に接続されています．さらに金ナノ微粒子同士は互いに触れ合うことなく，その間に1〜2nm程度の間隔があります．この間隔が重要で，この部分がSRRの切れ込み部分，すなわちコンデンサー部分に対応します．現時点では，最初に準備した金ナノ微粒子の約43%が三角形構造として得られる程度で，決して高い収率ではあ

りませんが，それでもトップダウン型の手法を使って1つ1つリング構造をつくるよりははるかに短時間かつ低コストで，大量の共振器構造が得られます．これが自己組織化手法の1つの長所です．

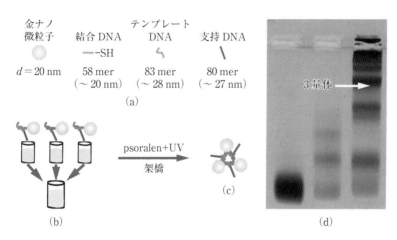

図 3.35 DNAを用いた自己組織化金属リングの作製

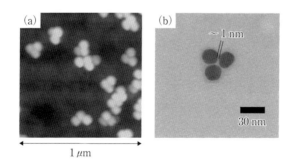

図 3.36 DNAを用いて作製した金ナノ微粒子の三角形構造
(a) 原子間力顕微鏡像．(b) 走査透過電子顕微鏡像．

3.25 磁場配向を利用した自己組織化

　ボトムアップ的なアプローチで自己組織的に光メタマテリアルの共振器構造を作製する手法をもう1つ紹介します．これまでに紹介した手法で作製したメタマテリアルでは一度つくった構造（形状）は変化することなく，メタマテリアルの機能も作製した時点で決まっています．一方で，メタマテリアルの機能を変化させたり，必要なときだけメタマテリルの機能が得られるといった，アクティブにメタマテリアルをつくり出す手法も新しい技術に利用できる可能性があります．筆者の研究室では，この視点に立った新しい加工法を開発しました．用いた現象は，物質の磁場に対する応答特性です[17]．

　用いた材料は，ポリスチレンの微小球と，ポリスチレン微粒子にニッケルと金を順番にコートした金コアシェル微粒子です．ポリスチレン微粒子と金コアシェル微粒子は酸化鉄でできた磁性流体をわずかに添加した純水中に分散させておきます．ポリスチレンは反磁性物質のため，外部から磁場を印加すると印加磁場とは反対向きに磁化します．一方，金コアシェル微粒子は強磁性体であるニッケル層の性質のため全体としては印加した磁場と同じ方向に磁化します．このような2つの微粒子が混在して分散した水溶液に電磁石を用いて外部から磁場を印加します．

　ポリスチレン微粒子に磁場が作用すると，ポリスチレン微粒子は磁場とは反対向きに磁化します．図3.37に示すように，ポリスチレン微粒子の北極と南極部では微粒子がつくり出す磁場と外部から印加した磁場は反対方向を向くので互いに弱め合いますが，赤道面では2つの磁場は同じ方向を向くので強め合います．その結果，ポリスチレン微粒子の近傍では北極部と南極部の磁場が弱く，赤道面上では磁場が強いという磁場分布ができます．一方，金コアシェル微粒子は印加された外部磁場と同じ方向に磁化します．この金コアシェル微粒子にとってはポリスチレン微粒子の赤道面付近の磁場が強くなっている場所が最も安定な（ポテンシャルの低い）場所となり，そこへ引き寄せられます．そして複数の金コアシェル微粒子がポリスチレン球の赤道面に配列して土星のような構造が形成され，金コアシェル微粒子のネックレス構造が生まれます．一方，金コアシェル微粒子のみに着目すると，それぞれの微粒子は同じ方向に磁

化した極微小の磁石なので,これらは互いに反発し合って,何も操作しなくても金コアシェル微粒子同士は一定の間隔を保って等間隔に並びます.図3.38はこのようにして作製した構造の顕微鏡写真です.添加する磁性流体の量を変えると配列する金コアシェル微粒子の数を制御できます.この構造は外部から磁場を印加している間だけ形成され,外部磁場の印加を止めると微粒子のブラウン運動によって構造は崩れます.すなわち,外部磁場をon-offすると,それに応じてメタマテリアルの構造が生まれたり,壊れたりします.

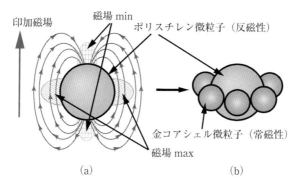

図 3.37 磁場による微粒子の配向のメカニズム

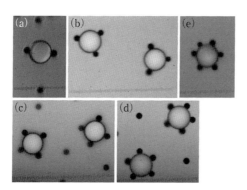

図 3.38 磁場でつくった微粒子リング構造[17]

3.26 バイオテンプレート

　生物が持つミクロな構造をご覧になったことがあるでしょうか？　例えば図3.39は，植物の花粉を電子顕微鏡で観察したものです．(a)はワサビ，(b)はシバザクラの花粉です[18]．不思議な形をしているのがわかると思います．これ以外にも，ウイルスや昆虫の触角など私たちの身のまわりには思いもよらない不思議な形を持つ生物がたくさん存在します．このような生物が持つ「形」を鋳型として利用する技術がバイオテンプレート技術です．

　図3.40(a)は，スピルリナという名前の藻の光学顕微鏡写真です．スピルリナは，スパイラル（spiral）という単語と同じ由来の名前を持っていて，その形状はらせん構造です．このスピルリナを培養して増やしてその表面に金属めっき法で金属をコートすると，極微小のマイクロコイルが得られます〔図3.40(b)〕．自然に生息するスピルリナはすべて左巻きなので，常に左巻きのコイルのみが得られます．また突然変異として右巻きのスピルリナが現れることがあり，これを培養して増やせば，右巻きのマイクロコイルをつくることもできます[19]．左巻きのコイルと右巻きのコイルは互いにキラルな関係（鏡像関係）になるので，一方のコイルのみを樹脂などに封入したフィルムをつくると，そのフィルムは片方に回転する円偏波の電磁波のみを選択的に吸収します．すなわち，左巻き円偏波か右巻き円偏波のどちらか一方のみが吸収されます．全地球測位システム（Global Positioning System：GPS）や高速道路のETC（Electronic Toll Collection System）などは円偏波の電波を利用した技術です．また家庭にある3Dテレビの一部も円偏波を利用して立体視を実現しています．このように特定の円偏波の光のみを扱うといった用途は幅広く，さまざまなところで利用されています．

　特定の偏光にのみ反応したり，偏光方向に依存してその特性が変化するようなメタマテリアルの提案も最近増加しています．

3.26 バイオテンプレート   115

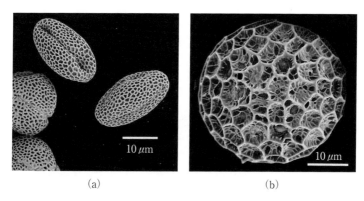

図 3.39 花粉の電子顕微鏡写真
文献[18]の図を改変.

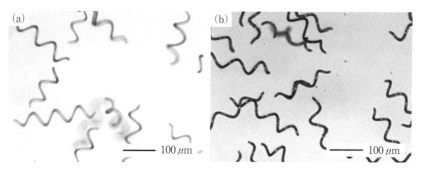

図 3.40 スピルリナとその表面を金属化してつくったマイクロコイル
文献[19]の図を改変.

3.27 トップダウンとボトムアップの融合

　いくつかのトップダウン型加工法とボトムアップ型加工法を紹介してきました．どちらの手法にも長所・短所があり，どちらが優れているというわけではありませんが，微細加工に関してはこれまでは私たち人類はどちらかというとトップダウン型の手法を駆使し，一方，自然や生物はボトムアップ型の手法を使っているという傾向があります．

　トップダウン型の手法では，加工プロセスを精密に制御することで，複雑で自由な形状の構造を高い精度で加工することができます．また1つ1つの構造の配列周期や配向方向なども精密に制御することができます．これがトップダウン型加工法に共通する長所です．電子回路をつくる半導体技術などはその典型例です．ただし，精密な制御を要するために，加工時間や必要とされるエネルギーなどのコストは高くなります．レーザーや電子ビーム，プラズマなどの発生には大量のエネルギーが必要で，そのエネルギーは最終的には熱になるので，その排熱・冷却のためにさらなるエネルギーを必要とします．またさまざまな化学物質も利用するので，その分廃棄物も発生します．そのため，環境への負荷は小さくはありません．これらの結果，作製されるデバイスのサイズは相対的に小さなものとなり，投入したコストに見合うだけのメリット（付加価値）を生み出せなければ産業として成り立ちません．

　一方，ボトムアップ型加工法は，トップダウン型のそれと比較すると投入するエネルギーなどのコストは低く，またプロセスが並列に実行されるものが多いので，少ない時間コストで多くの構造をつくり出せます．そしてそのお陰で大きな，もしくは多量のデバイスを加工することができます．私たちの体がつくられるプロセスを見ると，高い温度を必要とするわけでもなく，35〜37℃程度で起こる化学反応だけで体をつくり上げています．しかもたった1つの細胞から自然に各パーツが生まれ，一人の人間の体ができ上がります．しかし，ボトムアップ型の加工法にも欠点はあります．例えば，加工できる構造の形状などには制限が多く，設計したとおりの形を自由にはつくり出せません．また生成物には欠陥が含まれていることも多くあり，完全なものを望むことは不可能です．半導体チップのようなきちんと配列された構造をボトムアップ型でつく

ることはきわめて困難でしょう．生物の場合は，コストの安さを活かして何重もの冗長性（バックアップ）を確保することで不完全性（エラー）を補い，生命活動を維持しているように見えます．

このようなトップダウン型加工法とボトムアップ型加工法の特徴をまとめたのが表3.2です．実際のプロセスでは，これら2種類の加工法が持つ長所と短所をよく考慮したうえで，最適な手法を選ぶ必要があります．

表 3.2 トップダウン型加工法 vs. ボトムアップ型加工法

	トップダウン型加工法	ボトムアップ型加工法
形状の自由度	自由度高い	形状は限定されている
エネルギー消費	大	小
加工時間	長い	相対的に短い
並列化	不可能ではないが容易でもない	容易（本質的に並列処理）
構造の制御性	高い	低い

3.28 Metal-stress driven self-folding 法

　先に述べたように，トップダウン型加工法とボトムアップ型加工法にはそれぞれ長所と短所があり，それらは互いに相補的な関係になっていました．そうなると，両方の長所を使って「いいとこ取り」をしたくなります．

　筆者の研究室では，トップダウン型の手法である電子線リソグラフィ法と金属構造に残る残留応力を用いた自己構造形成手法を組み合わせた技術を開発しました[20]．電子線リソグラフィは3.3節で紹介したように，きわめて微細な構造を加工できる反面，大きな面積にパターンを加工するには長い時間がかかるという短所があります．このような電子線リソグラフィ法でも描画するパターンを選べば比較的高速な描画ができます．そのようなパターンの代表例は単なる直線です．最近見なくなったテレビのブラウン管は電子線を高速に走査して画像を表示していました．このように，直線パターンを描くだけなら，電子線リソグラフィ法でも高速に大きな面積の中にパターンを描画できます．我々はこの特性を利用して金のナノリボンを大量に作製する用途に電子線リソグラフィ法を使用しました．

　プロセス全体の工程を図3.41に示します．シリコン基板の表面にレジストを塗布し〔図3.41(a)〕，電子線を走査して直線状のリボンパターンを描画します〔図3.41(b)〕．このときリボンの中央部だけ電子線の露光量を増加させて，少しだけ線幅を太くしておきます．レジスト膜を現像した後，ニッケルと金をこの順番で蒸着します〔図3.41(c)〕．そしてリフトオフを行うとニッケル-金のナノリボンがシリコン基板上に多数作製されます〔図3.41(d)〕．ここまでがトップダウン型の加工です．ナノリボンが形成された基板をCF_4ガスを用いた等方的な反応性イオンエッチングで処理しシリコン基板を削ります．最初は基板の表面が暴露されているところからエッチングが始まり，その後は等方的なエッチングを行っているので，金属リボンの下側もエッチングされます．このまま処理を続けるとリボンの下のシリコンもすべてエッチングされて基板から剥がれてしまいますが，中央部の線幅が太くなっているところが剥がれる直前でエッチングを止めると，リボンの中央部だけがシリコン基板に固定されて，両腕が空中に浮いた状態になります．この状態の基板をRIE装置か

ら大気中に取り出すと,金とニッケルの残留応力の違いによってリボンが湾曲して,シリコン基板表面に自立したリング構造が自己組織的に形成されます.このようにプロセスの後半部分は金属薄膜に残る残留応力によって自ら形がつくられるというボトムアップ的手段を使っています.そこで,"Metal-stress driven self-folding 法"と名づけました.

この手法では,電子線リソグラフィを用いて金属リングの線幅や直径に加えて配置間隔や方位はきちんと制御されていますが,後半のリング構造は材料の振る舞いに任せているので非常に容易に大量かつ立体的な金属リングを作製することができます.図3.42はこの手法で作製した3次元メタマテリアルの電子顕微鏡写真です.シリコン基板表面に自立するリング共振器が高密度に集積化されています.この構造のメタマテリアルとしての機能は次の章で述べます.

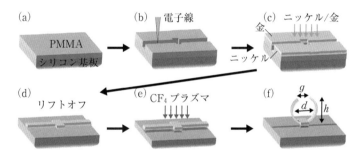

図 3.41 Metal-stress driven self-folding 法の加工プロセス

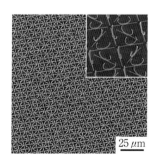

図 3.42 試作した3次元メタマテリアル
文献[20]の図を改変.口絵参照.

参考文献

[1] M. S. Rill, C. Plet, M. Thiel, I. Staude, G. V. Freymann, S. Linden, and M. Wegener, "Photonic metamaterials by direct laser writing and silver chemical vapour deposition," Nature Materials **7**, 543 (2008).
[2] J. Valentine, S. Zhang, T. Zentgraf, E. Ulin-Avila, D. A. Genov, G. Bartal, and X. Zhang, "Three-dimensional optical metamaterial with a negative refractive index," Nature **455**, 376 (2008).
[3] K. Takano, T. Kawabata, C.-F. Hsieh, K. Akiyama, F. Miyamaru, Y. Abe, Y. Tokuda, R.-P. Pan, C.-L. Pan, and M. Hangyo, "Fabrication of Terahertz Planar Metamaterials Using a Super-Fine Ink-Jet Printer," Appl. Phys. Express **3**, 016701 (2010).
[4] N. Streibl, "Depth transfer by an imaging system," Optica Acta **31**, p. 1233 (1984).
[5] N. Streibl, "Three-dimensional imaging by a microscope," J. Opt. Soc. Am. A **2**, p. 121 (1985).
[6] T. Tanaka, A. Ishikawa, and S. Kawata, "Two-photon-induced reduction of metal ions for fabricating three-dimensional electrically conductive metallic microstructure," Appl. Phys. Lett. **88**, 081107 (2006).
[7] A. Ishikawa, T. Tanaka, and S. Kawata, "Improvement in the reduction of silver ions in aqueous solution using two-photon sensitive dye," Appl. Phys. Lett. **89**, 113102 (2006).
[8] Y. Cao, N. Takeyasu, T. Tanaka, X. Duan, and S. Kawata "3D metallic nanostructure fabrication by surfactant-assisted multiphoton-induced reduction," Small **5**, 1144 (2009).
[9] S. Maruo, O. Nakamura, and S. Kawata, "Three-dimensional microfabrication with two-photon absorbed photopolymerization," Opt. Lett. **22**, 132 (1997).
[10] S. Kawata, H. Sun, T. Tanaka, and K. Takada, "Finer features for functional microdevices," Nature **412**, 697 (2001).
[11] J. Kato, N. Takeyasu, Y. Adachi, H. Sun, and S. Kawata, "Multiple-spot parallel processing for laser micronanofabrication," Appl. Phys. Lett. **86**, 044102 (2005).
[12] F. Formanek, N. Takeyasu, T. Tanaka, K. Chiyoda, A. Ishikawa, and S. Kawata, "Selective electroless plating to fabricate complex three-dimensional metallic micro/nanostructures," Appl. Phys. Lett. **88**, 083110 (2006).
[13] N. Takeyasu, T. Tanaka, and S. Kawata, "Fabrication of 3D metal/polymer microstructures by site-selective metal coating," Appl. Phys. A : Mater. Sci. Proc. **90**, 205 (2008).
[14] F. Formanek, N. Takeyasu, T. Tanaka, K. Chiyoda, A. Ishikawa, and S. Kawata, "Three-dimensional fabrication of metallic nanostructures over large areas by two-photon polymerization," Opt. Express **14**, 800 (2006).
[15] R. Bukasov, and J. S. Shumaker-Parry, "Silver Nanoscrescents with Infrared Plasmonic Properties As Tunable Substrates for Surface Enhanced Infrared Absorption Spectroscopy," Anal. Chem. **81**, 4531 (2009).
[16] R. W-Tamaki, A. Ishikawa, T. Tanaka, T. Zako, and M. Maeda, "DNA-Templating Mass Production of Gold Trimer Rings for Optical Metamaterials," J. Phys. Chem. C **116**, 15028 (2012).

参考文献 121

[17] K. Aoki, K. Furusawa, and T. Tanaka, "Magnetic assembly of gold core-shell necklace resonators," Appl. Phys. Lett. **100**, 181106 (2012).
[18] 宮澤七郎，中村澄夫 監修，医学生物学電子顕微鏡技術学会，『花粉の世界をのぞいてみたら』，（エヌ・ティー・エス，2012 年）．
[19] K. Kamata, Z. Piao, S. Suzuki, T. Fujimori, W. Tajiri, K. Nagai, T. Iyoda, A. Yamada, T. Hayakawa, M. Ishiwara, S. Horaguchi, A. Belay, T. Tanaka, K. Takano, and M. Hangyo, "Spirulina-Templated Metal Microcoils with Controlled Helical Structures for THz Electromagnetic Responses," Sci. Rep. **4**, 4919 (2014).
[20] C.-C. Chen, A. Ishikawa, Y.-H. Tang, M.-H. Shiao, D. P. Tsai, and T. Tanaka, "Uniaxial-isotropic Metamaterials by Three-dimensional Split-Ring Resonators," Adv. Opt. Mater. **3**, 44 (2014).

第4章
光メタマテリアルの応用

　メタマテリアルの醍醐味は，光の波長よりも細かな構造を人工的に集積化すれば，自然界に存在し得ない光学特性を持つ物質をつくり出せるところにあります．おそらくこのようなアイデアは，古くからあったのだと思います．ただ数十～数百 nm という極微細な構造を加工できるようになったのはつい最近のことなので，これまではつくりたくても誰もつくれなかったというのが実情でしょう．メタマテリアルは，前章で紹介したような微細加工技術の急速な発展を背景に，「今だからできる」技術なのです．しかし，できるといってもコストをかけてわざわざつくるのですから，それに見合うだけの機能が必要です．本章では，提案されているメタマテリアルの応用例をいくつか紹介します．

4.1 右手系物質と左手系物質

　光でも音でも，さらにはギターの弦の振動のような物質を伝わる波でも，あらゆる波には，その周波数（ここでは角周波数 ω を使います）が決まれば波数 k（波長の逆数）が一意に決まるという性質があります．これを「分散特性」と呼びます．光の分散関係は

$$k^2 = \frac{\omega^2}{c^2} n^2 = \frac{\omega^2}{c^2} \varepsilon_\mathrm{r} \mu_\mathrm{r} \tag{4.1}$$

で与えられます．ここで，c は真空中の光速で，ε_r と μ_r は物質の比誘電率と比透磁率です．

　光が空間を伝播するためには k が実数でなければならないので，その条件に合致する ε_r と μ_r は，両者が同時に正もしくは負の値を取る場合しかありません．通常の透明物質では ε_r と μ_r は両方とも正の値です．この場合は，第1章で述べたように，光の電場ベクトル $\boldsymbol{E}$（親指）と磁場ベクトル $\boldsymbol{H}$（人差し指）と波数ベクトル $\boldsymbol{k}$（中指）は右手系の関係になるので，このような物質を右手系物質と呼びます〔図4.1(a)〕．水やガラスのような透明な誘電体は右手系物質です．

　もう1つの可能性は ε_r と μ_r とが同時に負の値を持つ場合ですが，この場合は図4.1(b)のように $\boldsymbol{E}$，$\boldsymbol{H}$，$\boldsymbol{k}$ は左手の関係になるので，このような物質は左手系物質と呼ばれます．

　金や銀などの貴金属の比誘電率は負の値ですが，比透磁率は正の値（通常1.0です）を持ちます．そのため，金属中の光波の波数は虚数となります．虚数の波数は伝播するにつれて減衰する波に対応するので，金属表面に入射した光は金属中を伝播することができず，表面から急速に減衰して消滅してそのエネルギーは熱に変わります．

　光はエネルギーを運ぶので，そのエネルギーの流れを考えます．光のエネルギーの流れは「ポインティングベクトル」$\boldsymbol{S} = \boldsymbol{E} \times \boldsymbol{H}$（×はベクトルの外積）で与えられます．右手系物質ではエネルギーの流れと波数ベクトルは同じ方向を向いていますが，左手系物質では逆向きになります．すなわち，左手系物質では，光の波面が進む方向（波数ベクトルの方向）とエネルギーが進む方向とが反対を向いているという奇妙な状態になります．

4.1 右手系物質と左手系物質　　125

(a)
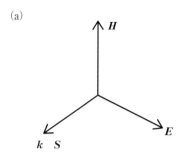

(b)
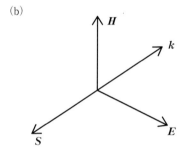

図 4.1 右手系物質と左手系物質における E, H, k, S の関係

4.2 負の屈折と Veselago レンズ

さて，右手系物質と左手系物質が接した境界面に電磁波が入射する場合を考えます．物質の境界面では，電磁波の波数ベクトルの界面方向の成分が保存されなければならないという境界条件があるので，光波は図4.2のように屈折しなければならず，屈折角が負の値になります．これを第1章で紹介したスネルの法則，

$$n \times \sin\theta = n' \times \sin\theta' \tag{4.2}$$

に当てはめてみます．左辺はnもθも正なので全体の値も正になります．一方θ'が負になると$\sin\theta'$は負になるので，n'が負にならないと等号が成り立ちません．すなわち左手系物質の屈折率は負の値と定義しなければつじつまが合わなくなります．このように左手系物質の屈折率は負の値を持つので，左手系物質は「負の屈折率物質」とも呼ばれます．

図4.3に示すように，真空中（屈折率1.0）に負屈折率物質（屈折率-1.0）の平らな板が浮かんでいる状態を考えます．負屈折率物質の表面からaの位置の真空中に点光源があり，そこから出た球面波が負屈折率物質に入射します．この光をいくつかの光線で代表させ，それらの光線のうち，入射角θで界面に入射した光に着目します．この光は，境界面で屈折角$\theta' = -\theta$で屈折して負屈折率媒質中を伝播します．その後，負屈折率媒質の裏面で再度屈折して真空に戻ります．このような光の伝わり方をすべての光線について調べていきます．負屈折率物質の厚さをbとすると，点光源を出た光はいずれも必ず負屈折率物質の裏面から距離$b-a$（光源からは距離$2b$）にある1点を通ることになります．そのためこの点は焦点となり，点光源とこの焦点との間は結像関係になって光源の像が形成されます．このように負屈折率物質でできた厚みの均一な板（平行平板）はあたかもレンズのように振る舞います．この現象は，1968年ロシアのVeselagoによって発見され，論文で発表されています[1]．

4.2 負の屈折と Veselago レンズ　　127

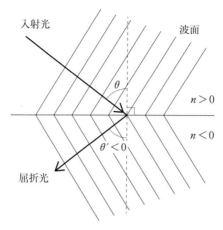

図 4.2　負屈折現象と負の屈折率

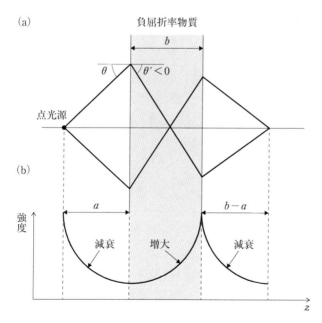

図 4.3　負屈折率物質による結像およびエバネッセント場の増幅と伝播
エバネッセント場は真空（空気）中では伝播するにつれて指数関数的に減衰するが，負屈折率物質中では反対に指数関数的に増大する．

4.3 完全レンズ

Veselago が見つけた負の屈折率物質のレンズ作用の性質の中で興味深いものは，エバネッセント場の場合に現れます．z 方向に伝播する平面波は，波数を k とすると，

$$\exp(-ikz) \tag{4.3}$$

で与えられます．エバネッセント場の波数 k は負の虚数なので，この式は伝播するにつれて強度が減衰していく波を与えます．ところが，負屈折率物質中では屈折率が負なので，エバネッセント場の波数は正の虚数となり，k の前の $-i$ と相殺して伝播方向に対して振幅が増大します．光が負屈折率物質を通り抜けて真空中に戻るとその振幅は再び減衰していきますが，負屈折率物質を伝播する途中で十分に増幅されていると，図 4.3(b) のように光源から離れた焦点にも十分な強度のエバネッセント場が形成されます．

一般に物体に光を照射して，その光をレンズで集めて像をつくると，像は空間を伝播する光のみで形成されるので，像の分解能は光の波長の制限を受けます．これが回折限界です．物体の構造の中で光の波長より細かな構造は像には反映されませんが，そのような細かな構造の情報を持つ光は存在します．ただし，このような光はエバネッセント場なので物体の近傍にまとわりついていて空間を伝播しません．もし，光の波長よりも細かな情報を含むエバネッセント場を伝播させることができれば，レンズの回折限界を超えることができます．

実際，負の屈折率物質からできたレンズは，あらゆるエバネッセント場成分を光源から $2b$ 離れた距離に振幅と位相を保存したまま伝達させるので，物体の像を完全に復元することができます．これが「完全レンズ (perfect lens)」や「スーパーレンズ (super lens)」と呼ばれるものです．2000 年に Pendry によって指摘されました[2]．

ただし，完全レンズがつくり出す像においても，光の波長より細かな構造についてはエバネッセント場として空間に存在します．私たちの目のレンズはスーパーレンズではないので，エバネッセント場を網膜に伝えることはできません．ですから波長より細かな構造を私たちの目で直接見ることはできません（図 4.4）．

通常のレンズで物体の像をつくると，像は反転しますが，完全レンズでは像の反転は起こりません．この点も完全レンズが通常のレンズと異なるところです．

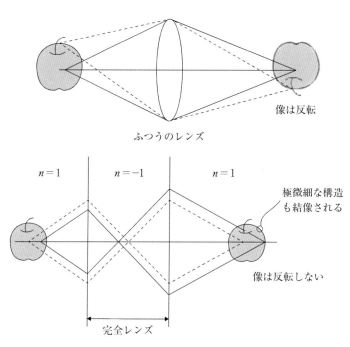

図 4.4 ふつうのレンズと完全レンズ

4.4　光学迷彩

　光学迷彩とは物体を不可視化する技術で，平たく言えば「透明人間をつくる技術」です．透明人間は，SFの世界だけと思われるかもしれませんが，メタマテリアルを用いれば実現も不可能ではありません．

　透明人間をつくり出すしくみは，なぜ物体の存在が目でわかるのかを考えると理解できます．物体の存在が目で知覚できるのは，図4.5に示すように主に2つの要因があります．1つは，光源（太陽や電灯など）から出た光が物体に当たり，そこからの反射光や散乱光が目に届くことで物体の姿が直接認識されます．そしてもう1つ，物体の後ろから照射される光が物体によって遮蔽されると，そこに何か物体があるということがわかるのです．そのため，この2つの現象を排除してしまえば，物体の存在は見えなくなります．

　具体的には，図4.6のように隠したい物体のまわりに特殊な屈折率分布をつくって，物体のまわりを光が迂回するようにします．すなわち特殊な屈折率分布を持つ球殻状物体（クローキングメタマテリアル：cloaking metamaterial）で物体を囲います．このクローキングメタマテリアルがハリー・ポッターの透明マントに相当します．クローキングメタマテリアルに入射した光は反射されずそのままメタマテリアル内を伝播し，物体を迂回して反対側から射出されます．また，後ろから照射される光も，物体で遮蔽されずに手前に届けられるので，目には後ろの景色がそのまま見えて物体の存在は目では見えません．透明人間の完成です．

　じつは，光の進路を曲げること自体はそれほど難しいことではありません．例えば，蜃気楼は空気の温度差による屈折率の違いが光を曲げるために，遠くにあるオアシスや山などが近くに見える自然現象です．また濃度の異なる食塩水は屈折率も異なるので，濃度勾配をつけた食塩水をつくってこの中に光を通すと光は曲がります．しかし，透明マントを生み出すほど光を巧みに曲げるには複雑な屈折率分布が必要で，これを実現するにはメタマテリアル技術が必要です．

4.4 光学迷彩　131

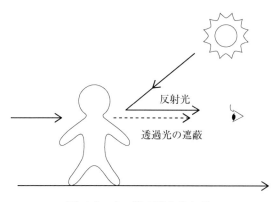

図 4.5　人の姿が見えるわけ

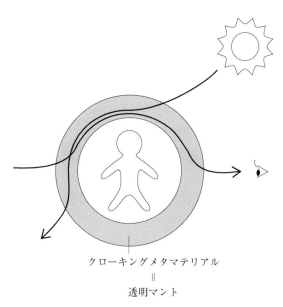

クローキングメタマテリアル
=
透明マント

図 4.6　メタマテリアルを使った透明人間

4.5　光学迷彩の実際

　先のメタマテリアルを用いた光学迷彩（クローキング：cloaking）のアイデアは，2006年英国のPendryがScience誌に発表したものです[3]．その後，いくつかの研究グループがこのクローキング技術の研究を続けています．米国デューク大学のSmithは，マイクロ波に対するクローキングメタマテリアルを試作しました[4]．図4.7がその写真です．しなやかな樹脂製のフィルムに銅箔製の共振器構造を集積化し，このフィルムをバウムクーヘンのように同心円状に配置した構造になっています．それぞれのフィルム表面に集積化されている共振器の形状は微妙に異なっており，この形状の違いが実効的な屈折率の分布をつくり出しています．

　未だ計算機シミュレーションの段階ですが，パデュー大学のShalaevは，金属ナノロッドを放射状に配置した構造を使って光学領域のクローキングが可能であることを報告しています[5]．図4.8(a)はクローキングメタマテリアルがない場合，(b)はある場合です．図中央の二重円の内側に物体があり，平面波（平行光）が左側から照射されています．クローキングメタマテリアルがない場合は，物体の後ろで波面が乱されて影ができています．クローキングメタテリアルを物体の周囲に配置すると，多少の波面の乱れはあるものの平面波が物体の後ろ側にも回り込んで右側に伝播しています．

　Pendryが提案した3次元物体を対象とした完全な光学迷彩は実現が難しく，まだ誰も成功していません．しかし，物体にいくつかの制約を設けてその条件を軽減すれば，ある程度実現できるようになります．Liは，平らな物体の表面の反射光に限定し，物体の表面に異物が存在する場合でも反射光の状態を変化させないようなモデルを考えました[6]．すなわち床に物が落ちていてもそれが見えないという状況です．これはあたかも異物がカーペットの下に隠れているような状況なので，「カーペットクローキング」と呼ばれています．カーペットクローキングは最近米国カリフォルニア大学バークレー校のZhangのグループによって実験的に実証されています[7]．

　さて，この技術はまさにSFそのものですが，1つだけ注意しておきます．透明人間になれたら，いろんなところへ行ってこっそり何かをのぞいたり，悪

戯したいと考える人もいるかもしれません．でも光はすべて自分のまわりを迂回してしまうので，クローキングメタマテリアルの中は真っ暗です．残念ながら外は見えません．

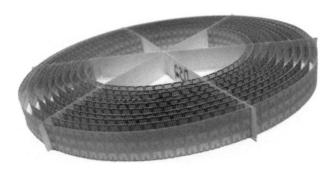

図 4.7 マイクロ波用クローキングメタマテリアル
文献[4]の図を改変．口絵参照．

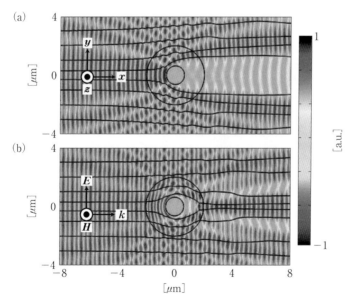

図 4.8 光クローキングのコンピューターシミュレーション結果
(a) クローキングメタマテリアルなし．物体後方で大きく波面が乱されている．(b) あり．文献[5]の図を改変．口絵参照．

4.6 低屈折率物質

3.28節でMetal-stress driven self-folding法を使って作製した3次元メタマテリアルを紹介しました（3章[20]）．この3次元メタマテリアルの光学特性の測定結果が図4.9と4.10です．図4.9は作製したメタマテリアルの反射スペクトルです．周波数27.5 THz（波長約11 μm）の赤外波長域にメタマテリアルと光波とが相互作用することで生まれた光吸収（透過率の低下）が確認できます．この透過スペクトルの測定結果を使って，このメタマテリアルの実効的な屈折率を求めたものが図4.10です．屈折率の実数部は周波数30 THzを中心に大きく変化し，32.8 THz付近では実効的な屈折率が0.35（図中の黒点）になります．第1章で述べたように，屈折率の基準は真空で，真空の屈折率が1.0です．ある物質の屈折率が1を下回るということは，その物質中での光速は真空中の光速よりも速いことを意味します．今回作成したメタマテリアルでは，実効的な屈折率が0.35なので，光速は約3倍も速いことになります．ただし，ここで言う光速とは，1.13節で説明した2つの光速のうちの位相速度なので，メタマテリアルの中での光速が真空中の光速を超えることは物理法則に反していません．

低屈折率物質中では，光の位相速度が速くなるので，光は速く伝播できます．4.5節で紹介したクローキングでは，光を物体のまわりを迂回させることでクローキングを実現しています．ということは，光は回り道をしているので，物理的に伝播すべき距離はもとの経路よりも長くなります．にもかかわらず，空間中を直進してきた光と位相を合わせるには，クローキングメタマテリアルの中では光は速く伝播しなければなりません．すなわち，屈折率が1.0より低い物質は，真空中でクローキングを実現するために必須の物質ということになります．もちろん，このような1.0より低い屈折率を持つ物質は，一部のプラズマを除けば自然界には存在せず，やはりメタマテリアル技術を利用して初めて実現できる奇妙な物質の一例です．

4.6 低屈折率物質　135

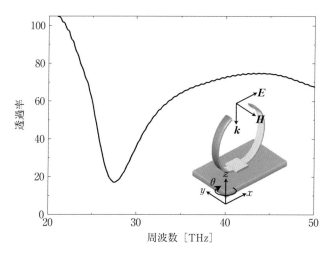

図 4.9 3次元メタマテリアルの透過スペクトル

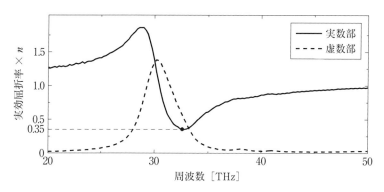

図 4.10 3次元メタマテリアルの実効屈折率の分散特性
周波数 32.8 THz において，実効屈折率 0.35 が実現されている．この周波数の光は，真空中の光速の約 3 倍の速度でメタマテリアル中を伝播する（3章[20]）．

4.7　s偏光ブリュースター

　夜に明るい室内から窓越しに外を眺めると，窓ガラスに自分の姿が映ります．透明のガラスも，その表面では光の一部が反射されます．そのほかにも，水面はキラキラ輝きますし，ダイヤモンドの輝きも同じです．光は，屈折率の異なる物質の境界面では必ず反射され，屈折率の差が大きいほど，反射される量も多くなります．

　ダイヤモンドの輝きは美しいものですが，この光の反射が邪魔になることもあります．光の反射を取り除く方法はいくつかありますが，どの方法も完全ではありませんでした．

　1.8節で少し触れましたが，光学現象の1つにブリュースター現象があります．これは，p偏光の光が特定の入射角で入射するときに，物質の境界面での反射が完全に0になるという現象です．この現象は，レーザーや高い精度が要求されている光学機器の中で無反射の状態をつくり出すために利用されています．しかし，この現象はp偏光にしか起こらないので，太陽光や蛍光灯の光のように，ランダムな偏光状態を持つ光に対しては利用することができません．

　筆者らは，比透磁率が1.0から変化した物質があればs偏光の光にもブリュースター現象と同じ現象が発生することを見つけました．図4.11(a)は，真空とガラス[*1]との境界面で生じる光反射率の入射角依存性で，図1.10と同じものです．ブリュースターはp偏光だけに生じ，入射角56°で反射率0になっています．図4.11(b)は，ガラスの比誘電率εと比透磁率μの値を入れ替えて計算したものです．興味深いことに，εとμの値を入れ替えるとp，s偏光の反射率曲線が入れ替わり，この場合はs偏光に反射率0を満たす入射角が現れています．すなわちs偏光にブリュースターが発現しています．このような比透磁率を持つ物質は自然界には存在しませんが，メタマテリアルを使えば人工的につくり出すことができます．

[*1]：ガラスの屈折率nを1.5，比透磁率μを1.0と仮定したので，比誘電率εは$\varepsilon = n^2 = 2.25$となります．

4.7 s 偏光ブリュースター 137

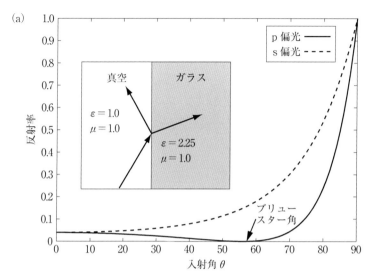

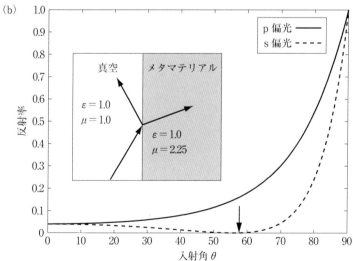

図 4.11 p, s 偏光のブリュースター
(a) 真空-ガラスの境界面では p 偏光のみブリュースターが生じている．(b) ε と μ の値を入れ替えると，p 偏光と s 偏光の反射率が入れ替わり，s 偏光にブリュースターが生じるようになる．

4.8 ブリュースターを使った無反射素子

前節で述べたように，メタマテリアルを使って透磁率を制御した物質をつくれば，s偏光でもブリュースターを発現させることができます．ただしこの場合は，p偏光のブリュースターが発現しなくなります〔図4.11(b)〕．すなわち，p偏光とs偏光のブリュースターは互いに排他的でそのままでは同時には発現しません．

この問題は，異方性を持つメタマテリアルすなわち光の偏光方向に応じて特性が異なるメタマテリアルを利用すれば解決できます[8]．具体的には，図4.12のように，共振器がある方向の平面にのみ配列されたメタマテリアルをつくります．この例では，共振器はx-y平面に配列され，それがz方向に積層されています．この共振器はz軸方向に振動している磁場にしか応答しないので，この構造全体はz軸方向に磁場が振動している光に対してはメタマテリアルとして動作しますが，xもしくはy方向に磁場が振動している光に対してはメタマテリアルとして働きません．そこで，z軸方向に磁場が振動している光がs偏光に，x方向に磁場が振動している光がp偏光に対応するようにメタマテリアルの方向を設定すれば，s偏光の光に対してはメタマテリアルがつくり出すs偏光のブリュースターが，そしてp偏光の光に対しては通常の物質で見られるブリュースターがそれぞれ発現して，どちらの偏光も同時にブリュースター状態にできます．

図4.13は，この原理に基づいて設計した偏波無依存のブリュースター素子の例です．この素子は，空気とガラスの境界面の両方でp，s偏光の両方に対してブリュースターを実現するように設計してあります．これを空気とガラスの境界面に挿入すると，境界面での光の反射を完全に除去し，空気からガラスへと100%の効率で光を伝達させることができます．このように，メタマテリアルを使えば，これまでとはまったく異なる方法で光の反射を除去することが可能になります．

光通信に利用される光ファイバーは非常に効率の高い伝送線路で，光信号を1km伝送しても光強度は数%程度しか低下しません．しかし，ファイバーはガラスでできていることが多いので，ファイバーの入口の空気とガラスの境界

4.8 ブリュースターを使った無反射素子　139

面で約 4% も損失し，同じく出口でも約 4% 損失してしまいます．図 4.13 のようなメタマテリアルを光ファイバーの両端につければ，このような損失を防ぐことができます．

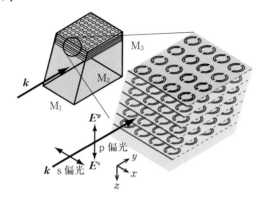

図 4.12　異方性メタマテリアル構造

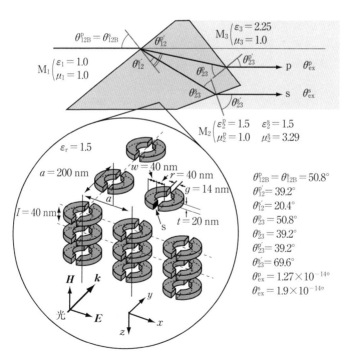

図 4.13　偏波無依存ブリュースター素子

4.9 インピーダンス整合による無反射素子

フレネルは,物質の界面で生じる光の反射を詳しく調べ,境界面での反射率を式 1.12 のようにフレネルの反射率として定式化することに成功しました.ほとんどの光学の教科書では,この式が使われています [9].この式で光の入射角を0にすると式 1.12 は簡単化され,

$$R_\mathrm{p} = R_\mathrm{s} = \left| \frac{n_2 - n_1}{n_2 + n_1} \right|^2 \tag{4.4}$$

となります.この式から界面での光の反射が消えるのは,分子が0になるとき,すなわち2つの物質の屈折率が等しいときになります.言い換えると,反射光が生じるのは,境界面をつくっている2つの物質の屈折率が異なるからだと説明されます.筆者も 4.7 節の冒頭でそのように書きました.しかし,厳密にはこの説明は正しくありません.電磁気学的には光の反射率は,

$$R = \left(\frac{Z_2 - Z_1}{Z_2 + Z_1} \right)^2 \tag{4.5}$$

$$Z_n = \begin{cases} \sqrt{\dfrac{\mu_{\mathrm{r}n}}{\varepsilon_{\mathrm{r}n}}} \cos\theta_n : \mathrm{p} \text{ 偏光} \\ \sqrt{\dfrac{\mu_{\mathrm{r}n}}{\varepsilon_{\mathrm{r}n}}} \dfrac{1}{\cos\theta_n} : \mathrm{s} \text{ 偏光} \end{cases} \quad (n = 1, 2) \tag{4.6}$$

と書き表されます.この式には,Z という新しい物理量が登場しています.この Z は,透磁率の平方根を誘電率の平方根で割り算したものになっており,これは「インピーダンス」と呼ばれます.この式から反射光が生じるのは2つの物質のインピーダンス Z が異なる場合であることがわかります[*2].

そこで,図 4.14 を見てください.この図は,横軸に比誘電率の平方根を,縦軸に比透磁率の平方根をとった2次元空間を表しています.この中にさまざまな物質を,その比誘電率と比透磁率に応じてプロットできます.この図では,例えば点 A に位置する物質の屈折率は,点 A と原点とで決まる長方形の面積(網掛け部分)に対応します.この図においてインピーダンスは,物質を

[*2]: $\mu_{\mathrm{r}n} = 1.0$ の場合に,式 4.5 は式 4.4 と等価になります.すなわち,式 4.4 が一般に使われるのは,光学領域では物質の比透磁率 μ_r が常に 1.0 だからです.

示す点と原点とを結ぶ直線の傾きに対応します．すなわち，同じ直線上にある物質は，同じインピーダンスを持っていることになります．例えば，点Bに位置する物質Bを考えます．点Bと原点で決まる長方形は大きいので，この物質の屈折率はきわめて大きいことがわかります．一方で，この物質は物質Aと同じ傾きの直線上に存在するので，両者のインピーダンスは同じです．物質Aと物質Bとが接している場合，両者の屈折率は大きく異なりますが，インピーダンスは等しいのでその界面では光の反射は起こりません．

物質Bの比透磁率は1.0を越えているので，このような物質は自然界には存在しません．しかし，メタマテリアルを使えばこのような物質を人工的につくることが可能になります．メタマテリアルを使えば，「無反射条件を満足しながらも屈折率は大きい」という物質を生み出すことができるのです．

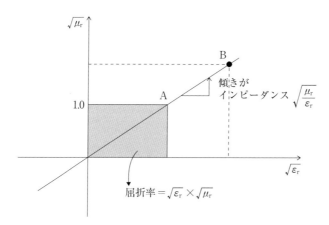

図 4.14 比誘電率と比透磁率とでつくられる2次元空間
これで物質の屈折率とインピーダンスを表現できる．

4.10 屈折率制御

図4.14をもう一度使います．先に述べたように自然界に存在する物質の比透磁率は1.0なので，どの物質も$\sqrt{\mu_r} = 1.0$の直線上に存在しています．そのためこの長方形の縦の高さは常に1.0で，屈折率の高い／低いは長方形の横幅だけで決まることになります．第1象限に存在する誘電体なら，できるだけ右側（$\sqrt{\varepsilon_r}$が大きい方向）に位置する物質ほど屈折率が高い物質になりますが，縦の高さが1.0で固定されているという制約があるので，どうしてもその値には限界があります．

しかし，メタマテリアル技術を使えば，この制約を忘れて$\sqrt{\mu_r} \neq 1.0$の空間に存在する物質をつくることができます．図4.15に示すように，$\sqrt{\mu_r} = 1.0$より上方に移動できれば，屈折率が非常に高い物質をつくり出すことができます．

簡単な計算をしてみましょう．メガネのレンズに使われる素材は，プラスチックかガラスです．プラスチックはガラスと比較して軽くて割れにくいという特徴がありますが，その屈折率はガラスほど高くはできません．ガラスでは屈折率1.9のものもありますが，メガネレンズ用のプラスチックではせいぜい1.76が限界のようです．物質の比透磁率μ_rは1.0なので，1.76という屈折率は比誘電率ε_rのみで実現されていますから，ε_rの値は$1.76^2 \fallingdotseq 3.10$です．もしこのプラスチックの屈折率を1.9にまで高めようとすると，そのε_rを$1.9^2 = 3.61$にまで高めなければならないので，その差は0.51となって，これは容易ではありません．

一方，屈折率がε_rとμ_rのそれぞれの平方根の積であることを思い出せば，μ_rを制御して屈折率を変化させても構わないはずです．もちろんこれは自然界にある物質をそのまま利用するだけでは不可能ですが，メタマテリアルを使えば可能です．

μ_rを制御して，1.76の屈折率を1.9にするには，μ_rを，1.0から1.17にわずか0.17だけ変化させればよいことがわかります．

$$\sqrt{3.10} \times \sqrt{1.17} = 1.904 \qquad (4.7)$$

このように，μ_rを制御できる技術は，物質の屈折率を大きく変化させるこ

とに有効です．屈折率の高い物質は，境界面での光の屈折角が大きくなるので，薄いレンズでも大きな屈折力を得ることができます．将来，紙のように薄くて軽いにもかかわらず，大きな度数を持つレンズができるようになるかもしれません．

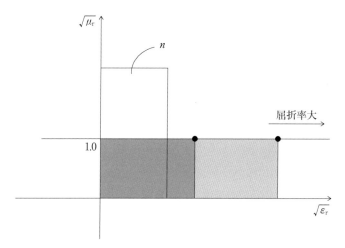

図 4.15 比透磁率を使った屈折率制御
物質の比透磁率を 1.0 から変化させると，物質の屈折率を大きく変えることができる．

4.11 メタマテリアル吸収体

夜空にまたたく星の色はさまざまです．温度の低い星は赤く輝き，温度が高くなるにつれて黄色から青白い色へと変化することを理科の時間に習ったと思います．物質は，その温度に応じて決まった色の光を放出します．これが「黒体放射」という現象です．正確には，黒体放射とはあらゆる波長の電磁波を完全に吸収する理想的な「黒体 (black body)」からの放射で，温度が決まればそのスペクトルは一意に決まることがプランク (M. Planck) によって示されています．一方，完全な黒体というのは現実には存在せず，現実の物質が放射する光は，黒体の放射量よりも必ず少なくなります．すなわち，黒体とは，あらゆる光を吸収するのと同時に，最も高い効率で光（電磁波）を放射する物質でもあります．

このような完全黒体に近い物質をメタマテリアル技術を用いて実現したのがメタ吸収体です．図 4.16 は，金属表面（この場合は金）に細かな溝をつくったメタマテリアルです[10]．表面のみの構造なので，「メタ表面」と呼ばれることもあります．このメタ表面に照射された光は突起状の金属表面で反射されますが，何度も反射をくり返しながら溝の奥へ奥へと誘導されていくので，光は戻ることができずすべて吸収されます．(a)に示した構造は，縦方向のストライプ状なので強い偏光依存性があります．(c)は溝に平行な偏光を照射したときの反射率（実線）と平らな金表面に光を入射したときの反射率（破線）を示したものです．両者はほぼ同じで，波長 550 nm 以上の光の大部分が反射されています．(d)は溝に垂直に偏光した光を照射した場合の反射率スペクトルです．メタ吸収体による強い光吸収のために反射率は 10〜20% に低下しています．

光学の世界では，このような構造が光を捕捉して吸収することはよく知られていました．例えば，裁縫に使うまち針を束にして正面からのぞくと真っ黒に見えます．また黒猫の毛並みが理想的な黒に近いのも同様の原理に基づくものです．このメタマテリアルはこのような構造を使った光吸収体を光の波長と同じかさらに細かなナノメートルからマイクロメートルサイズの構造で実現したものです．

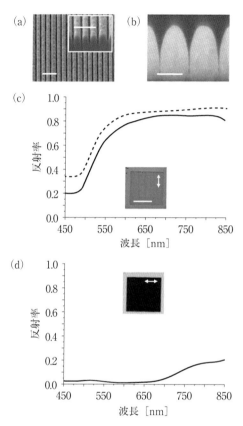

図 4.16 メタマテリアルでつくったメタ吸収体 (a) 電子顕微鏡写真.(b) 断面構造.(c) メタ吸収体の溝に平行な偏光を照射したときの反射率スペクトル(実線)と平らな金表面に光を照射したときの反射率スペクトル(破線).(d) 溝に垂直な偏光を照射したときの反射率スペクトル.文献[10]の図を改変.口絵参照.

4.12　赤外メタマテリアル吸収体

　光が持つ波の性質を利用して光の吸収体をつくることもできます．図4.17は，ガラス基板の表面全体に膜厚100 nmの金薄膜を塗布[*3]後，その上に膜厚90 nmの透明な誘電体（フッ化マグネシウム）をコートし，さらにその上に膜厚50 nm，線幅1.5 μmの金リボンを積層した多層メタマテリアルです．

　このメタマテリアルに光を照射すると，上の金リボンの中の自由電子が振動して，電荷の偏りが生じます．すると，その電荷の偏りに誘起されて，下地の金薄膜には，金リボンの電荷と反対の電荷分布が生じます．どちらも電荷が振動しているので電磁波を再放出しますが，真ん中の透明層の厚みを制御して，金リボンと金薄膜から放出される2つの光の位相が逆転するような状態にすると，2つの波が互いに打ち消し合って反射光が消滅します．一方，下地の金薄膜の膜厚を十分に厚くしておくと，光は透過することもできません．行き場を失った光は結局金属に吸収されることになり，このメタマテリアルはメタ吸収体として機能します．

　このメタマテリアルでは，光の波長よりも薄い構造で光を十分に吸収することができるという特徴があります．図4.17に示したメタマテリアルは，波長3.5 μmの光に対する吸収体として機能しますが，その構造の厚みは透明な誘電体層と金リボンの厚みを合わせても140 nmしかありません．ペンキの塗装膜よりもはるかに薄い構造で，光を効率よく吸収させることができます．

　一眼レフカメラなどのレンズを外して中をのぞくとわかるように（ほこりが入るのでお勧めはしませんが），カメラや望遠鏡などの光学機器は，生じる散乱光など（「迷光」と言います）を嫌うので，これを低減させるためにその内壁を黒く塗ります．メタマテリアルでつくった吸収体は薄くて軽いので，巨大な望遠鏡などの内壁の黒色化にも応用できます．

　またこのメタマテリアルに分子などが吸着すると，電子の振動状態が変化して金属リボンからの放出光と金薄膜からの放出光との位相関係がずれます．そ

＊3：図中のクロムはガラス表面に金を付着させるためにコートした薄膜です．金とガラスは相性が悪く接着力が弱いので，このようにガラス表面にクロムやニッケル，チタンなどの金属を薄くコートします．

の結果,吸着分子のスペクトルを反映した光信号が発生し,これを検出することで吸着した分子を高感度に検出・同定することが可能になります[11].

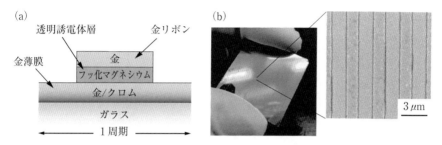

図 4.17 薄膜状のメタマテリアル吸収体
文献[11]の図を改変.口絵参照.

4.13 光フィルター

　1998年，当時NECの北米研究所に所属していたEbbesenは，金属薄膜に開けた穴に光を照射したところ，穴の径が光の波長よりもはるかに小さいにもかかわらず高い効率で光が穴を通り抜けることを発見しました[12]．それまでは，光の波が通り抜けられる穴のサイズは波長程度が限界で，それよりも小さな穴を光が通り抜けることはできないと考えられていました．Ebbesenの発見は偶然のものでしたが，この常識を完全に覆して，波長の1/10以下の穴を光が高い透過率で通り抜けられることを示したものだったので一躍注目を集めました．この現象は今日では光の「異常透過現象」と呼ばれており，金属薄膜に励起される表面プラズモンが異常透過現象の起源になっていると解釈されています．

　この現象の特徴の1つは，穴のサイズや配置間隔を変えると，透過する光の波長が変化することです．すなわち，同じ金属なのに穴のサイズや周期を変えるだけで，特定の波長の光のみを通すフィルターをつくることができます[13]．現在よく使われている光の干渉現象を利用したカラーフィルターでは，光の波長に応じてフィルター層の厚みを変化させる必要があります．またこのようなフィルターでは光の入射角が変わると透過（もしくは反射）する光の波長が変わってしまうという短所がありました．これに対して異常透過現象を利用したフィルターは，膜厚が均一の金属膜に異なる大きさの穴を開けるだけで異なる波長のフィルターをつくることができ，1枚の金属膜の中に透過波長の異なるフィルターを集積化することが可能です．また光の入射角を多少変えても透過する光の波長は変わりません．

　図4.18は，ガラス基板に銀薄膜をコートし，そこに直径170 nmの穴を周期的に配列させたものです．写真の"h"の部分の周期は550 nm，"ν"の部分の周期は450 nmで作製されています．穴の周期を変えるだけで，透過する光の色が非常に鮮やかに変化するのがわかります．

4.13 光フィルター　149

図 4.18 メタマテリアルを用いたカラーフィルター [13]
口絵参照.

4.14 偏光子と旋光子

第1章で，光は横波で，電場や磁場が常にある方向に振動している直線偏光や，振動方向が回転している円偏光などの状態があることを述べました．一方，太陽光や蛍光灯の光などは特定の偏光状態を持たないランダム偏光です．

さまざまな偏光状態を含む光から特定の偏光状態の光のみを取り出す素子に「偏光子」があります．偏光子は，身のまわりではサングラスやカメラのフィルターのほか液晶パネルや3次元映画用のメガネなどにも使われています．

可視光領域で利用する偏光子には，方解石など光学異方性を持つ材料を切り出して研磨したものや，一方向に分子を揃えた樹脂フィルムに吸収体（ヨウ素など）を付着させてつくった「ポラロイド (Polaroid)」があります．一方，赤外光よりも波長が長い電磁波に対しては，金属の細線をすだれのように張った「ワイヤーグリッド素子」が利用されます．この偏光子をメタマテリアルでつくったという報告があります．図4.19は，その一例です[14]．

光の偏光方向を回転させる素子が「旋光子」です．旋光は砂糖水でも生じる現象です．砂糖水の場合は，光が進む方向と偏光が回転する方向とが決まっているので，一度砂糖水を通した光を鏡で反射させてもう一度同じ光路を通るように砂糖水の中を通すと，偏光はもとの方向に戻ります．しかし，偏光の回転方向が光の通過する方向によって変化する物質も存在し，そのような物質を通った光を反射させてもう一度戻すと，偏光がさらに回転するという現象が起こります．このような性質を「非相反性」と呼びます．このような現象は，レーザー装置から出たレーザー光が再び装置に戻らないようにするアイソレーターという素子に利用できます．一般にアイソレーターに用いられる物質は，磁気光学効果を持った特殊な結晶ですが，これと同じ機能をメタマテリアルで実現する提案があります．図4.20は，その一例で，卍型の構造に光を入射すると光の偏光が回転します．さらにこの構造は，非相反性を持つことが理論的にも実験的にも確認されています[15, 16]．

4.14 偏光子と旋光子   151

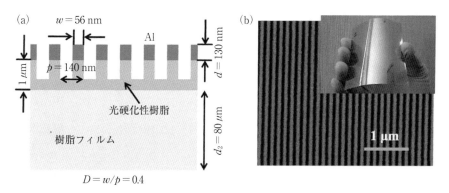

図 4.19 ナノストライプ構造を用いたテラヘルツ波用偏光子
文献[14]の図を改変．口絵参照．

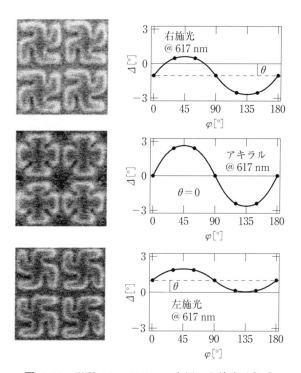

図 4.20 卍型メタマテリアルを用いた旋光子[15]

4.15 テラヘルツプラズモン

　電磁波の中で光と電波との境界域に存在するのが「遠赤外光」です．遠赤外光という呼び名は光学の専門家がよく使う呼び名で，電気・電子工学の専門家はこの領域の電磁波を「ミリ波」と呼びます．そして最近では，この周波数領域のうち特に周波数が1THz付近の電磁波は「テラヘルツ波」と呼ばれます．このようにテラヘルツ波は電波の性質と光波の性質の両方を持った電磁波です．

　テラヘルツ波は，タンパク質などの有機分子に対して固有のスペクトルを有しながらも，プラスチックや紙などをよく透過するので，郵便物を開封せずに中の毒物や爆発物などを検知したり，空港のセキュリティチェックなどにも利用され始めています．

　第1章で，表面プラズモンを紹介しました．表面プラズモンは同じ周波数で空間を伝播する光と比較すると，波数が大きいので波長が短くてゆっくりと金属表面を伝播します．そのため，その分だけエネルギーがたまって光強度が高くなります．これが表面プラズモンの電場増強効果です．テラヘルツ光でもこの表面プラズモンを励起してさまざまな用途に応用したいという考えがあります．しかし，このアイデアはうまくいきません．図1.17をもう一度ご覧いただくとわかるように，テラヘルツ光のような周波数の低い領域では，空間を伝播する光の分散関係を示す light line と表面プラズモンの分散曲線が接近していることがわかります．すなわちテラヘルツ領域では，表面プラズモンを励起してもその波数は空間を伝播している光の波数と変わらず，波数は大きくはなりません．この特性は，金属の分散特性が決めているので，メタマテリアルを用いて金属の光学特性そのものを変えてテラヘルツ波に対しても大きな波数を持つ表面プラズモンを励起しようという提案があります．

　詳細は省略しますが，図4.21のように金属の表面に波長よりも細かな穴を開けた構造を利用すると，実効的な金属の誘電率が変化して，可視光における表面プラズモンのような，波長の短い表面波を励起できるようになります[17]．このような表面波を "spoof plasmon" と呼びます．spoof とは「偽造」とか「なりすまし」という意味です．

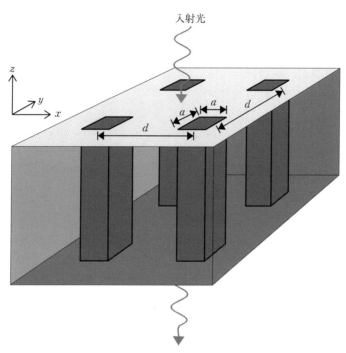

図 4.21 Spoof plasmon 構造
文献[17]の図を改変.

参考文献

[1] V. G. Veselago, "Electrodynamics of substances with simultaneously negative values of ε and μ," Sov. Phys. Ups. **10**, 509 (1968).
[2] J. B. Pendry, "Negative refraction makes a perfect lens," Phys. Rev. Lett. **85**, 3966 (2000).
[3] J. B. Pendry, D. Schuring, and D. R. Smith, "Controlling Electromagnetic Fields," Science **312**, 1780 (2006).
[4] D. Schurig, J. J. Mock, B. J. Justice, S. A. Cummer, J. B. Pendry, A. F. Starr, and D. R. Smith, "Metamaterial Electromagnetic Cloak at Microwave Frequencies," Science **314**, 977 (2006).
[5] W. Cai, U. K. Chettiar, A. V. Kildishev, and V. M. Shalaev, "Optical cloaking with metamtaerials," nature photonics **1**, 224 (2007).
[6] J. Li and J. B. Pendry, "Hiking under the Carpet: A New Strategy for Cloaking," Phys. Rev. Lett. **101**, 203901 (2008).
[7] X. Ni, Z. Wong, M. Mrejen, Y. Wang, and X. Zhang, "Au ultrathin invisibility skin cloak for visible light," Science **349**, 1310 (2015).
[8] T. Tanaka, A. Ishikawa, and S. Kawata, "Unattenuated light transmission through the interface between two materials with different indices of refraction using magnetic metamaterials," Phys. Rev. B **73**, 125423 (2006).
[9] M. Born, E. Wolf 著, 草川徹 訳,『光学の原理 I 第7版』, (東海大学出版会, 2005年).
[10] T. Søndergaard, S. M. Novikov, T. Holmgaard, R. L. Eriksen, J. Beermann, Z. Han, K. Pedersen, and S. I. Bozhevolnyi, "Plasmonic black gold by adiabatic nanofocusing and absorption of light in ultra-sharp convex grooves," Nat. Commun. **3**, 969 (2012).
[11] A. Ishikawa, and T. Tanaka, "Metamaterial Absorbers for Infrared Detection of Molecular Self-Assembled Monolayers," Sci. Rep. **5**, 12570 (2015).
[12] T. W. Ebbesen, H. J. Lezec, H. F. Ghaemi, T. Thio, and P. A. Wolff, "Extraordinary optical transmission through sub-wavelength hole arrays," Nature **391**, 667 (1998).
[13] C. Genet and T. W. Ebbesen, "Light in tiny holes," Nature **445**, 39 (2007).
[14] K. Takano, H. Yokoyama, A. Ichii, I. Morimoto, and M. Hangyo, "Wire-grid polarizer sheet in the terahertz region fabricated by nanoimprint technology," Opt. Lett. **36**, 2665 (2011).
[15] M. K-Gonokami, N. Saito, Y. Ino, M. Kauranen, K. Jefimovs, T. Vallius, J. Turunen, and Y. Svirko, "Giant Optical Activity in Quasi-Two-Dimensional Planar Nanostructure," Phys. Rev. Lett. **95**, 227401 (2005).
[16] K. Konishi, T. Sugimoto, B. Bai, Y. Svirko, and M. K-Gonokami, "Effect of surface plasmon resonance on the optical activity of chiral metal nanogratings," Opt. Express **15**, 9575 (2007).
[17] J. B. Pendry, L. M-Moreno, and F. J. G-Vidal, "Mimicking Surface Plasmons with Structured Surfaces," Science **305**, 847 (2004).

おわりに

　本書では光の性質から始めて，光メタマテリアルの原理，加工法，そして応用までを駆け足で解説しました．大まかな雰囲気をつかんでいただくことを最優先とし，そのために最低限必要な知識を広く浅く拾い上げたつもりです．そのため，それぞれのトピックスについて深く掘り下げた説明はできませんでした．

　例えば，第1章では光学におけるイメージング理論や分光学，そして非線形光学や量子光学，レーザー工学に関しては説明できませんでした．近年，非線形メタマテリアルや量子メタマテリアルの話題が学会で取り上げられるようになってきています．これからはこの分野も重要になる予感があります．第2章に関するトピックスでは，近年，メタマテリアルを構成している共振器同士が強く結合（相互作用）したときに生じる現象が熱心に研究されています．興味深い内容ですが，それだけで本が1冊書けるほどのボリュームがあるので本書では割愛しました．第3章の加工技術に関しては，1つ1つの技術については網羅的に解説したつもりですが，実際に光メタマテリアルをつくる際には，それらのいくつかを組み合わせて利用するのが一般的です．この組み合わせのパターンは無数なので，何をどう組み合わせればどんなことができるかといった点については，すべてを含めることができませんでした．また，化学的な合成手法を用いて光メタマテリアルをつくるという試みも触れることができませんでした．第4章の光メタマテリアルの応用については，まだ積極的に実用デバイスとして応用が始まっている段階にはないので，いずれも未だ研究者から提

案されたアイデアの段階だというのが実情です．そして本書ではその中のいくつかを拾い上げただけに留まっています．マイクロ波やミリ波の領域では，すでに実用が始まっているデバイスもあります．もし機会があれば，このあたりを解説した本書の続編を書ければと思います．

　最初にも書きましたが，メタマテリアルはまだ本格的な研究が始まってから10年あまりしか経っていない若い研究分野です．しかし，人工的な操作によって物質の性質を変えてしまおうというアイデアは，人間の欲求に直結するわかりやすい技術だと思います．おそらく，「メタマテリアル」という言葉は新しくても，そのアイデアは古いものでしょう．くり返しになりますが，メタマテリアルそのものが新しいのではなく，第3章で紹介したような最先端の加工技術や，高性能なコンピューターによる解析・設計技術の進歩によって，ようやく実際にできるようになってきたのです．今，私たちはたまたまそういうタイミングに居合わせたのだと思います．「どんな光学特性を持つ物質でも思いのままにつくることができる」と言うと少し言いすぎになりますが，光メタマテリアルが物質の特性を大幅に拡張してくれることは間違いありません．この「今だから実現できる」新しい物質を使って，今までには考えられなかった性能を持つ新しい光デバイスが生まれ，それらが私たちの生活を豊かなものにしてくれることを期待しながら，いったん筆を置きたいと思います．

索　引

欧数字

1 光子吸収 ······················· 90
1 重リング SRR ··············· 52, 54
2 光子還元法 ··············· 94, 96, 98
2 光子吸収 ··············· 90, 92, 100
2 光子重合法 ············· 80, 100, 104
2 重リング SRR ············ 36, 48, 52
3 次元光加工法 ··················· 86
3 次元樹脂構造体 ················ 100
3 次元プリンター ················ 100
3 次元メタマテリアル ······ 119, 134
4 分割 1 重リング SRR ··········· 52

ALD 法 ···························· 80
ArF エキシマレーザー ············ 67
atomic layer deposition method ······ 80

black body ···················· 144
Bosch process ··················· 78
Brewster angle ·················· 16

CF_4 ガス ························ 118
C_4F_8 ガス ························ 78
chemical vapor deposition method
　→ CVD 法
cloaking → クローキング
cloaking metamaterial ········ 130, 132
CVD 法 ···················· 80, 82, 104

DC スパッタ ····················· 76
n-decanoylsarcosine sodium salt ······ 98
dimethyldichlorosilane ·········· 104
DNA ···························· 110
Drude model ················ 22, 44

Ebbesen ························ 148
electron beam lithography method ·· 68
electonic toll collection system → ETC

ETC ···························· 114
etchant ························· 72

FDTD 法 ························ 56
FEM ···························· 59
FIB-CVD 法 ····················· 82
FIB 法 ······················ 82, 106
finite element method ··········· 59
finite-difference time-domein method
　······························· 56
focused ion beam method → FIB 法

global positioning system → GPS
GPS ···························· 114

i 線 ····························· 67
ICP ····························· 78
inductively coupled plasma ······ 78

K 殻 ····························· 18
Kramers-Kronig ················ 40
KrF エキシマレーザー ··········· 67

L 殻 ····························· 18
LC 共振 ····················· 38, 84
LC 共振回路 ················· 42, 48
lift-off ·························· 72
light line ··················· 24, 152
lithography ····················· 64

M 殻 ···························· 18
Maxwell, J. C. ···················· 2
metal organic CVD method ······ 80
metal-stress driven self-folding 法
　······················ 118, 119, 134
MOCVD 法 ······················ 80

nanoimprinting method ········· 70

NDSS	98	イオン化傾向	95
		イオンビーム	76, 82, 106, 108
p偏光	14	イオンビームスパッタ	76
Pendry	32, 36, 38, 54, 128, 132	異常透過現象	148
perfect lens	128	位相速度	27, 134
photolithography	64	位相のずれ	46
Planck, M	144	遺伝子	110
PMMA	96	異方性	138
Polaroid	150	インクジェットプリンター	84
polymethyl methacrylate	96	インダクタンス	38, 48, 50, 52, 106
		インピーダンス	44, 46, 48, 140
Q値	40, 42, 50, 54	インピーダンス整合	140
quality factor	40		
		ウイルス	66, 114
RCWA	58	雲母	110
reactive ion etching method	78		
regenerative amplifier	103	エッチャント	72
RFスパッタ	76	エッチング	70
RIE法	78	エッチング液	64, 72
rigorous coupled-wave analysis	58	エネルギー	6
		エネルギーギャップ	18, 90
s偏光	14	エネルギー準位	18, 34, 90
s偏光ブリュースター	136	エバネッセント場	127, 128
SF_6ガス	78	エピタキシャルCVD法	80
Shalaev	132	塩化スズ	104
Smith	32, 132	遠赤外光	4, 30, 152
split-ring resonator → SRR		円偏光	8
spoof plasmon	152	円偏波	114
SRR	32, 36, 38, 47, 48, 52, 54, 84		
super lens	128	オーミックロス	36, 44, 50, 54
Ti:Sapphireレーザー	92	**か行**	
		回折光	58
Veselago	32, 126	外部磁場	112
Veselagoレンズ	126	界面活性剤	98
		化学気相成長法 → CVD法	
Zhang	36, 132	角周波数	44
		核スピン	34
あ行		加工分解能	98
アイソレーター	150	可視光	2, 4, 30
アトミックレイヤーデポジション法	80	荷電粒子	34
油拡散ポンプ	74	花粉	114
アミド基	105	カーペットクローキング	132
アルミニウム	95	ガラス	104, 142
アンテナ	38, 50, 106	ガラス転移点	70
		カラーフィルター	148
イオン	94	ガルバノメーターミラー	94
イオンエッチング	108	干渉現象	148

完全黒体	144	屈折率分散	26
完全レンズ	128	屈折率分布	130
カンデラ	7	屈折力	143
		クラッド	16
貴金属	44	クラマース・クローニッヒ	40
基底関数	59	クローキング	130, 132, 134
基底準位	91	クローキングメタマテリアル	130, 132
輝度	7	黒猫の毛並み	144
ギネスブック	100	クロム	146
逆スパッタリング法	77	群屈折率	26
逆テーパレジスト	73	群速度	26
キャパシタンス	38, 48, 52, 55, 106		
吸収境界条件	59	結晶	98, 150
吸収スペクトル	94	結晶成長	98
吸収損失	42	結像関係	126
境界条件	126	原子間力顕微鏡	110
境界要素法	59	減衰定数	44
強磁性体	112	厳密結合波理論	58
共振型メタマテリアル	40, 42		
共振器	30, 50	コア	16
共振器素子	54	コイル	38, 106
共振周波数	38, 41, 50	高圧水銀灯	67
狭帯域	42	光化学反応	92
局在型表面プラズモン	24	光学顕微鏡	86, 88
極短パルス光	92	光学迷彩 → クローキング	
虚数の波数	124	光子	6, 18, 90
キラルな関係	114	高次回折光	58
切り子硝子	25	光速	124, 134
金	44, 96, 118	光度	7
銀	44	交流回路	46
金イオン	96	光量子束密度	6
金コアシェル微粒子	112	黒体	144
近赤外光	4	黒体放射	144
近赤外レーザー	100	昆虫の複眼	102
金属	74	コンデンサー	38, 106
金属イオン	102		
金属ナノロッド	132	**さ 行**	
金属微小球	110	再生増幅器	103
金属微粒子	24	差分方程式	56
金属めっき法	114	酸化	48
金ナノ微粒子	110	酸化鉄	112
金リボン	146	酸化物	74
		残渣膜	71
屈折	12		
屈折角	143	磁荷	20
屈折の法則	12	紫外域	52
屈折率	10, 26, 32, 140, 142	紫外光	4
屈折率制御	142	紫外線硬化樹脂	70, 100, 102, 104

磁気応答 …………………………………… 34
磁気共鳴現象 ……………………………… 34
磁気光学効果 …………………………… 150
色素 ………………………………………… 74
自己組織化 ……………………………… 110
自己組織的 ……………………………… 119
脂質 ………………………………………… 84
磁性体 ……………………………………… 32
磁性流体 ………………………………… 112
磁束密度 ………………………… 2, 20, 58
実効屈折率 …………………… 40, 134, 135
実効透磁率 ………………………………… 48
磁場 ………………………………………… 2
磁場共鳴 …………………………………… 40
磁場配向 ………………………………… 112
磁場ベクトル …………………………… 124
周期境界条件 ……………………………… 59
周期的構造 ………………………………… 58
集積回路 …………………………………… 66
集束イオンビーム法 → FIB 法
集束イオンビームミリング法 …………… 82
自由電子 …………………………… 22, 146
周波数 ……………………………………… 3
縮小投影法 ………………………… 66, 102
ジュール熱 ………………………………… 74
硝酸銀 ……………………………… 96, 105
常磁性 ……………………………………… 34
消衰係数 …………………………………… 10
蒸着 ………………………………… 82, 118
蒸着法 ……………………………………… 80
照度 ………………………………………… 7
シリコン基板 …………………………… 118
シールド …………………………………… 22
シールド効果 ……………………………… 22
蜃気楼 …………………………………… 130
真空計 ……………………………………… 74
真空蒸着法 ………………… 72, 74, 76, 104
真空中の光速 …………………………… 134
真空の透磁率 ……………………………… 34
真空の誘電率 ……………………………… 44
真空ポンプ ………………………………… 80
人工原子 …………………………………… 32
振動準位 …………………………………… 18
水晶 ……………………………………… 104
水晶振動子 ………………………………… 75
垂直偏光 …………………………………… 8
水平偏光 …………………………………… 8

ステッパ …………………………………… 66
ステンドグラス …………………………… 25
ストリップライン ………………………… 47
スネルの法則 ……………………………… 12
スーパーインクジェット技術 …………… 84
スパッタリング法 ……………… 72, 76, 80
スーパーレンズ ………………………… 128
スピルリナ ……………………………… 114
スピンコート法 …………………………… 64
スプレー法 ………………………………… 64
スペクトル ……………………………… 147

生体材料 …………………………………… 84
赤外光 ……………………………………… 54
遷移 ………………………………………… 18
線形 ………………………………………… 88
旋光 ……………………………………… 150
旋光子 …………………………………… 150
全地球測位システム …………………… 114
全反射 ……………………………………… 16

走査イオン顕微鏡法 ……………………… 82
走査透過電子顕微鏡 …………………… 110
疎水コート ……………………………… 104

た 行

対物レンズ ………………………………… 92
楕円偏光 …………………………………… 8
多光子吸収 ………………………………… 90
多層メタマテリアル …………………… 146
ターボ分子ポンプ ………………………… 74
単一分子層 ………………………………… 80
タングステン ……………………………… 74
タンパク質 …………………………… 84, 152
ダンピング係数 …………………………… 22

チタン …………………………………… 146
チタンサファイアレーザー ……………… 92
チャージアップ …………………………… 68
チャンバー ………………………………… 68
中赤外光 …………………………………… 4
直接描画法 …………………………… 66-68
直線偏光 …………………………………… 8
直流回路 …………………………………… 46

低屈折率物質 …………………………… 134
抵抗率 ……………………………………… 96
デオキシリボ核酸 ……………………… 110

デジタル通信 …………………… 27
テフロン保護膜 ………………… 78
テラヘルツ波 …… 4, 30, 36, 84, 151, 152
テラヘルツプラズモン ………… 152
電荷分布 ………………………… 146
電気泳動法 ……………………… 110
電気応答 ………………………… 34
電気抵抗 ………………… 22, 36, 44, 46
電気力線 ………………………… 21
電子軌道 ………………………… 18
電子顕微鏡 ………………… 76, 82, 96
電子散乱 ………………………… 23
電子スピン ……………………… 34
電子線 ……………………… 68, 106, 118
電子線リソグラフィ ………… 68, 118
電磁波 …………………………… 2
電子ビーム ……………………… 74
電子ボルト ……………………… 6
電磁誘導 ………………………… 38
電子励起 ………………………… 34
電子レンズ ……………………… 68
伝送線路 ………………………… 138
電束密度 ………………………… 20, 58
電場 ……………………………… 2
伝播型表面プラズモン ………… 24
電場増強効果 …………………… 152
伝播損失 ………………………… 44
電場ベクトル …………………… 124

銅 ………………………………… 44
透過率 …………………………… 14
等高線 …………………………… 100
透磁率 ………………… 34, 40, 49, 52
導電性 …………………………… 96
導電性材料 ……………………… 68
導電率 …………………………… 44, 46
透明人間 ………………………… 130
透明マント …………………… 36, 130
透明誘電体 ……………………… 147
度数 ……………………………… 143
突然変異 ………………………… 114
トップダウン型加工法 … 106, 116, 118
ドルーデモデル ……………… 22, 44

な 行

内部インピーダンス ………… 46, 50
内部リアクタンス …………… 46, 54
斜め蒸着 ………………………… 108

ナノインプリント法 …………… 70
ナノストライプ構造 …………… 151
ナノリボン ……………………… 118

二次電子 ………………………… 82
二重らせん構造 ………………… 110
ニッケル …………………… 118, 146
入射角 …………………………… 148
入射面 …………………………… 14

ネガ型レジスト ………………… 64
熱CVD法 ………………………… 80
熱インプリント法 ……………… 70
熱可塑性 ………………………… 70

は 行

バイオテンプレート …………… 114
バウムクーヘン ………………… 132
波数 ……………………………… 128
波数ベクトル …………………… 124
反抗磁場 …………………… 38, 40
反磁性 …………………… 34, 112
反射スペクトル ………………… 134
反射率 …………………………… 14
半導体集積回路 ………………… 64
バンド間の遷移 ………………… 44
反応性イオンエッチング …… 78, 118

光CVD法 ………………………… 80
光インプリント法 ……………… 70
光還元反応 ……………………… 94
光ファイバー …………………… 16
光フィルター …………………… 148
光マップ ………………………… 4
光リソグラフィ ………… 64, 68, 86
非線形性 ………………………… 91
非相反性 ………………………… 150
左手系物質 ………………… 124, 126
左巻き円偏波 …………………… 114
ヒルベルト変換 ………………… 40
比透磁率 …………… 11, 124, 140, 142
比誘電率 ………… 11, 22, 124, 140
表皮深さ ………………………… 47
表面張力 ………………………… 98
表面抵抗率 …………………… 46, 50
表面プラズモン ……… 24, 148, 152

フィッシュネット構造 ………… 82

フィッシュネットメタマテリアル	83	望遠鏡	146
フィルター	148	方解石	150
フェムト	92	放射照度	6
フェムト秒	100	放射量	144
フェムト秒パルスレーザー	92, 94	ポジ型レジスト	64
フォトマスク	66, 86	ポストベーク	64
フォトレジスト	64	ボッシュプロセス	78
フォトン → 光子		ポテンシャル	112
深掘り RIE	78	ボトムアップ型加工法	106, 116, 118
複素屈折率	10	ポラロイド	150
負屈折率物質	32, 126	ポリスチレン	112
フッ化マグネシウム	146	ポリスチレン微小球	108
負の屈折	126	ポリスチレン微粒子	112
負の屈折率	32	ポリメチルメタクリレート	96
負の透磁率	49		
負の誘電率	32	**ま 行**	
プライマー	65	マイクロコイル	114
ブラウン運動	113	マイクロ波	2, 21, 30, 36, 44
ブラウン管	118	マイクロレンズアレイ	102, 105
プラスチック	108, 142	マクスウェル	2
プラズマ	76, 134	マクスウェルの方程式	20, 46, 56
プラズマ CVD 法	80	マグネトロンスパッタ	76
プラズマ周波数	22, 32, 44	マスク	66
プランク	144	まち針	144
プランク定数	6	マルチビーム2光子重合法	102
プリベーク	64	卍字型メタマテリアル	151
ブリュースター	16, 138		
ブリュースター角	16	三日月金属リング	108
ブリュースター現象	16, 136	右手系物質	124
フレネル	140	右巻き円偏波	114
フレネルの式	14	ミリ波	152
フレネルの反射率	140		
分割リング共振器 → SRR		無電解めっき法	104
分散関係 → 分散特性		無反射条件	141
分散特性	24, 124, 152	無反射素子	138, 140
		迷光	146
ヘリコンスパッタ	76	メガネレンズ	142
変位電流	46	メタ吸収体	144, 145
偏光	8	メタ原子	30, 32
偏光子	150	メタ表面	144
偏光無依存ブリュースター素子	36	メタ分子	30
ペンタプリズム	16	メタマテリアル吸収体	144-146
偏波	8	めっき	104, 114
偏波無依存	138		
偏波無依存ブリュースター素子	139	モノポール	20
偏微分方程式	59	モリブデン	74
		モールド	70
ポインティングベクトル	2, 124		

や 行

有機金属 CVD 法	80
有機物	74
有限時間差分領域法	56
有限要素法	59
誘電体	124, 142
誘電率	32, 34, 44
誘電率分散	23, 26
誘導結合プラズマ	78
誘導電流	38, 40
誘導放射	10
容量成分	52
横波	21

ら 行

ランダム偏光	150
理化学研究所	36
離型剤	71
離散双極子近似法	59
リソグラフィ	64, 72, 106
リフトオフ法	72
硫化	48
臨界角	16
リングアレイ	96
ルクス	7
励起準位	91
レーザー	10, 42, 74, 150
レーザー増幅器	103
レーザー媒質	42
レジスト	64, 118
レジスト膜	86, 88
ロータリーポンプ	74

わ 行

ワイヤーグリッド素子	150

著者の略歴

1968年生まれ．大阪大学工学部応用物理学科卒業．1996年同大学大学院工学研究科博士課程修了．博士（工学）取得．大阪大学基礎工学部助手，理化学研究所研究員を経て，2008年より理化学研究所准主任研究員．東京工業大学物質理工学院（特任教授），北海道大学電子科学研究所（客員教授），埼玉大学大学院理工学研究科（連携教授），学習院大学（講師）などを併任．研究テーマは，光メタマテリアル，プラズモニクス，ナノフォトニクス，光応用計測など．著書に『図解メタマテリアル　常識を越えた次世代材料』（共著，日刊工業新聞社），『メタマテリアル』，『メタマテリアルⅡ』（以上共著，シーエムシー出版），『ナノオプティク・ナノフォトニクスのすべて』（共著，フロンティア出版）などがある．

光メタマテリアル入門

平成28年11月30日　発　行
令和5年5月20日　第6刷発行

著作者　田　中　拓　男

発行者　池　田　和　博

発行所　丸善出版株式会社
〒101-0051　東京都千代田区神田神保町二丁目17番
編集：電話(03)3512-3265／FAX(03)3512-3272
営業：電話(03)3512-3256／FAX(03)3512-3270
https://www.maruzen-publishing.co.jp

© Takuo Tanaka, 2016

組版／中央印刷株式会社
印刷・製本／大日本印刷株式会社

ISBN 978-4-621-08783-1 C 3042　　Printed in Japan

JCOPY　〈(一社)出版者著作権管理機構　委託出版物〉
本書の無断複写は著作権法上での例外を除き禁じられています．複写される場合は，そのつど事前に，(一社)出版者著作権管理機構(電話03-5244-5088, FAX 03-5244-5089, e-mail：info@jcopy.or.jp)の許諾を得てください．